Claus M. Schmidt

Hunde

· ·

**Populäre Irrtümer
und andere Wahrheiten**

Inhalt

Impressum
1. Auflage September 2021
Layout und Satz: Guido Klütsch, Köln
Umschlagabbildungen: 2018 – The Boston Globe; Fondation Barry CH/animal.press; ©Dario Lo Presti/Adobe-Stock; euthymia/Adobe Stock; imago images/Everett Collection; imago/Hohlfeld
Druck und Bindung: Linsen Druckcenter GmbH, Siemensstraße 12–14, 47533 Kleve

© Klartext Verlag, Essen 2021
ISBN 978-3-8375-2461-1

Jakob Funke Medien Beteiligungs GmbH & Co. KG
Jakob-Funke-Platz 1, 45127 Essen
info.klartext@funkemedien.de
www.klartext-verlag.de

Zum Geleit

SIEGER NACH PUNKTEN

Sind sie am Ende doch schlauer als wir Menschen? Machen wir uns nichts vor: Im Laufe von Zehntausenden von Jahren des Zusammenlebens hat des Menschen bester Freund die Oberhand gewonnen und wir haben den Kürzeren gezogen. Daran ändern leider auch die vielen Ratgeberbücher und Hundeschulen nichts, die auf die Dominanz des Menschen in der Beziehung pochen … Fakten gefällig? Wir kaufen ein für sie, räumen auf, was sie in Unordnung gebracht haben, machen sauber, was sie verschmutzen, loben ihren Stoffwechsel, tragen ihnen ihre Häufchen in Plastikbeuteln hinterher, sind Koch, Chauffeur, Leibarzt, Wärmflasche, Animateur, Personal Trainer und Bodyguard auf Ausflügen. Einmalig auf Erden: Wir zahlen ihre Versicherung und sogar ihre Steuern! Wer ist hier der Boss?

Weil wir finden, dass es schon genug gute Ratschläge zur Erziehung von Hunden gibt, haben wir in diesem Buch darauf verzichtet. Dafür räumen wir mit den gängigsten Irrtümern über das Wesen und die Natur unserer Hunde auf und blicken in ihre Seele. Erfahren Sie, wie warme Worte Hundeherzen öffnen, wie Hunde uns manipulieren – und dass sie entgegen der herkömmlichen Meinung ganz prima schwindeln können.

Freuen Sie sich auf überraschende Erkenntnisse, witzige Fakten und unvergessliches Wissen.

500 Rassen, unendlich viele Mischlinge

Von A wie Affenpinscher bis Z wie Zwergspitz sind rund 500 Hunderassen vom FCI (Federation Cynologique Internationale), dem Kynologischen Weltverband, anerkannt.

Der deutsche Zweig VDH (Verband für das Deutsche Hundewesen) ist mit 650 000 Mitgliedern der größte Landesverband. Er registriert Züchter, regelt die Zucht im Hinblick auf Gesundheit und Tierschutz, berät in Hundefragen, organisiert Hundesport und Ausstellungen: www.vdh.de. Der VDH veröffentlicht auch die jährliche Welpenstatistik*.

Labrador Senior *Alex*

Mops *Hilde*

* Stand 2017: Obwohl im Straßenbild nicht so häufig, ist der Schäferhund mit fast 10 000 Welpen im Jahr unangefochten die Nummer 1, weil er als Diensthund von Polizei, Zoll, Bundeswehr, Hilfs- und Rettungsorganisationen gebraucht wird.

Basenji *Fiji*

Bedlington *Nancy*

Australian Shepherd *Fanta*

Weimaraner *Wolfi*

Afghane *Faqir*

Zwergschnauzer *Chika*

Bracco Italiano *Platon*

Die beliebtesten Rassen

Nicht aufgeführt, aber zahlenmäßig am stärksten vertreten sind die Mischlinge. Zunehmend mehr Hunde in Deutschland stammen als Tierschutzfälle aus dem Mittelmeerraum.

1 Deutscher Schäferhund

2 Dackel

3 Deutsch Drahthaar

Unübersehbar im Kommen, aber nicht systematisch erfasst und vom VDH noch kritisch betrachtet sind die sogenannten Designerhunde: Neuzüchtungen aus verschiedenen Rassen wie z.B. Goldendoodle oder Labradoodle, die aus der Mischung zwischen Golden Retriever und Pudel oder Labrador Retriever und Pudel entstanden sind.

4 Labrador Retriever

5 Golden Retriever

Die Hundesteuer
ist für Hunde da

Der Ehrliche ist der Dumme bei der Hundesteuer. 20 bis 30 Prozent der rund 10 Millionen Halter in Deutschland zahlen sie einfach nicht und sparen sich so jährlich um die 100 Millionen Euro. Nicht nur gefühlt geht uns das gegen den Strich – auch juristisch ist der Grundsatz der Steuergerechtigkeit nicht gewahrt, wenn sie nicht für alle gilt. Es kann auch keiner erklären, warum sie in verschiedenen Städten unterschiedlich hoch ausfällt. Und: Ist es gerecht, dass Katzen nicht besteuert werden? Fast die Hälfte der Zahler ist der Ansicht, dass die rund 300 Millionen Euro, die Gemeinden mit der Hundesteuer einnehmen, der Reinigung dient. Was allerdings nicht stimmt. Verständlich wäre es, wenn die Einnahmen dem Tierschutz oder dem örtlichen Tierheim zu Gute kämen. Aber davon ist keine Rede. Die Gemeinden geben es für andere Dinge aus.

Unverständlich und alles andere als gerecht sind auch die unterschiedlichen Tarife.

Warum beträgt die jährliche Hundesteuer in den teuersten Städten Essen und Köln 156 €, während man im bayerischen Passau lediglich 30 € für die Steuermarke zahlt?

Weil es so viele Unstimmigkeiten und so wenig Sinn in der Hundesteuer gibt, haben sie fast alle europäischen Länder inzwischen abgeschafft. Im hundefreundlichen Holland können Gemeinden sie noch erheben – müssen aber nicht. Nur Luxemburg, Deutschland und Österreich halten noch an der Hundesteuer fest.

Günstige Preisbeispiele¹⁾ je Bundesland
Mittlere Preisbeispiele¹⁾ je Bundesland
Teure Preisbeispiele¹⁾ je Bundesland

Landeshauptstadt

Schleswig-Holstein
Eckernförde 66
Husum 70
Kiel 126
Lübeck 30
Dassow 144
Zingst 41
Rostock 108

Mecklenburg-Vorpommern
Schwerin 108
Neubrandenburg 96

Bremerhaven 90
Hamburg 90
Bremen 108
Ahausen 123
Oldenburg 36
Boizenburg 40
Seehausen 20
Kremmen 24
Berlin 120
Potsdam 84

Niedersachsen
Osnabrück 108
Hannover 132
Wolfsburg 80
Magdeburg 96

Brandenburg
Cottbus 30
Luckenwalde 72

Gronau 42
Münster 96
Bad Salzuflen 68
Delbrück 48

Sachsen-Anhalt
Steigra 10
Halle 100
Leipzig 25
Jesewitz 96

Nordrhein-Westfalen
Dortmund 156
Hagen 180
Wuppertal 160
Düsseldorf 96
Köln 156

Kassel 90

Thüringen
Erfurt 108
Jena 84
Barchfeld Immelborn 40
Wohratal 54*
Lauscha 60

Sachsen
Chemnitz 100
Dresden 108

Hessen
Frankfurt a. M.
Morshausen 36
Wiesbaden 96
Mainz 186
Offenbach a. M. 90 75

Rheinland-Pfalz
Trier
Sulzbach 110

Saarland
Saarbrücken 50
102
120 60
Homburg
Kaiserslautern 108

Heidelberg 80
Würzburg 132
Nürnberg
Schwandorf 15

Baden-Württemberg
Stuttgart 108
Freiburg 102
Tübingen 144
Ulm 108
Wain 36

Bayern
Ingolstadt 65
Augsburg 84
München 100
Rosenheim 40
Windorf 0
Passau 30
Ettal 1

1) Beispiele aus unserer Umfrage zur Höhe der Hundesteuer für den ersten Hund in den gezeigten Städten und Gemeinden. Steuer pro Jahr auf volle Euro gerundet.
* Geändert am 15.4.2015.   **Stand: März 2015**   © Finanztest 2015

13

Zahlen & Fakten

HUNDE UND ANDERE HAUSTIERE

Jeder zweite Haushalt in Deutschland hält Tiere. Spitzenreiter mit **13,5 Millionen Köpfen in 22 % der Haushalte sind Katzen**, gefolgt von rund **10 Millionen* Hunden**, die **in 19 % der Haushalte** leben.

Weltweit ist der Hund Haustier Nummer 1. Er gehört zu **33 % aller Haushalte**.

5 Milliarden Euro geben wir jährlich für Hunde aus: **60 Euro** pro Monat kostet die Ernährung für kleine Hunde wie Yorkshire Terrier, **120 Euro** pro Monat verschlingt ein Labrador Retriever.

Auf **35 000 Euro** summieren sich alle Kosten (Futter, Zubehör, Tierarzt etc.) im Lauf eines Hundelebens für kleinformatige Tiere. Die Klasse langlebiger Schwergewichte bringt es auch schon mal auf **45 000 Euro**.

Hunde sind die Namensgeber der zoologischen Klasse der „hundeartigen Raubtiere". Anders als bei der Katzensippe lassen sich ihre Krallen nicht einziehen. Zur weiteren Verwandtschaft der Hundeartigen gehören übrigens Bären, Seehunde und weitere Robben, Marder, Stinktiere, Waschbären und der kleine Panda.

„Canini" nennt der Zahnarzt unsere kegelförmigen Eckzähne. Der Name leitet sich vom lateinischen Wort für Hund = Canis ab. Bei vielen Tierarten sind die Canini die Reiß- oder Fangzähne.

* Die Angaben variieren je nach Quelle von 9 bis 11,5 Millionen.

K9 klingt auf Englisch gesprochen genauso wie Canine (=hunde-artig). In Amerika steht es häufig als Abkürzung für Hund.

Hundewelpen haben 28 Milch-zähne. Im Alter von etwa drei Monaten beginnen sie auszu-fallen und werden im Laufe der nächsten drei Monate durch das bleibende Gebiss aus 42 Zähnen ersetzt.

Hunde hören viermal so gut wie Menschen. Wenn wir sie aus 100 Metern rufen, nehmen sie das wahr. Hunde können aber selektiv hören. Was sie nicht interessiert, blenden sie aus. So kann Hund schlafen, wenn der Fernseher läuft oder die Menschen sprechen – sobald aber der Kühlschrank geöffnet wird, wacht er auf.

Schlabbern gehört zum Hundwerk. Wenn Hunde trinken, geht immer was daneben. Das liegt daran, dass ihre Schlabbertechnik nur funktioniert, wenn es schnell geht. Das konnten Wissen-schaftler zeigen, als sie Action Cams in Wassernäpfe platzier-ten und den Ablauf aus der Froschperspektive dokumentierten. Die flinke Zunge zieht eine Wassersäule nach oben, die der Hund rasch abbeißt, bevor sie zusammenfällt.

Hunde spielen ausgelassener miteinander, wenn ihr Mensch zuschaut. Wendet der sich ab, erlahmt die Spielfreude. Die Forscher der Studie sagen: Hunde empfinden es als Be-lohnung, wenn man sich für sie interessiert.

Die beliebtesten Hundenamen

Als der kluge Polizeihund der TV-Serie „Kommissar Rex" in den Jahren 1994 bis 2004 Verbrecher zur Strecke brachte und in den Dienstpausen vom Leberkäs naschte, waren Rex, Bello, Hasso und Hexe durchaus noch gebräuchliche Hundenamen.

Das hat sich inzwischen geändert. Unsere Hunde tragen jetzt überwiegend ganz normale Menschennamen* und gehören damit nach Ansicht von Soziologen mehr zur Familie:

HÜNDINNEN		RÜDEN
Luna	1	Balu
Emma	2	Sammy
Amy	3	Sam
Bella	4	Rocky
Kira	5	Lucky
Lilly	6	Buddy
Lucy	7	Charly
Nala	8	Max
Paula	9	Paul
Mia	10	Bruno

* Statistik von: www.welpenclub.com

Ein Stammbaum für Mischlinge

Welche Rassen stecken eigentlich in meinem Mischlingshund? Eine interessante Frage für viele Hundebesitzer, denn immerhin sind die meisten unserer Bellos Mischlinge. Eine DNA-Analyse mit einfacher Speichelprobe kann das jetzt per Post klären. Bei der Tierheim-Hündin Dusty gab es eine handfeste Überraschung, die zu allerlei Überlegungen Anlass gibt: Außer Dogge und Schäferhund, was zu erwarten war, fanden sich auch ein Yorkie und ein Chihuahua unter ihren Vorfahren. Aber wie um alles in der Welt paart sich ein Yorkie mit einer Dogge?

Abstammungszertifikat

CanisMIX

Name: DUSTY
Geburtsdatum: 27.04.2000
Zertifikatsnummer: HUN0457

DNA-Testergebnis:

Kategorie 1:
Kategorie 2:
Kategorie 3: Chihuahua; Deutsche Dogge
Kategorie 4: Collie; Rottweiler; Yorkshire Terrier
Kategorie 5: Deutscher Schäferhund

AniDom
Diagnostics

Wer hätte das gedacht? Unter Dustys Vorfahren (hier mit ihrem Freund Noah) finden sich auch Yorkies und Chihuahuas.

Hunde, die bellen, beißen nicht

Dieser Spruch gehört zu den Volksweisheiten, denen man besser nicht glaubt. Bellende Hunde beißen sehr wohl. Man sollte schon fein hinhören. Es ist kaum brenzlig, wenn ein Hund aus 1. Angst, 2. Nervosität, 3. Frust bellt oder um 4. die Aufmerksamkeit auf sich zu lenken. Das Bellen zur Abwehr und Verteidigung kann allerdings ernst gemeint sein. Über diese 5. Bellvariante geben sie dem Gegenüber verlässliche Informationen über ihre Stimmung, Stärke und Verfassung – und die Bereitschaft zum Zubeißen. Besonders, wenn das Bellen von tiefem Grollen begleitet wird, wenn die Lefzen gebleckt, die Ohren zurückgelegt sind und das Rückenfell gesträubt ist.

Hundesprache

WAS SPRICHT DER HUND?

Sitz, platz, aus, bei Fuß ... der Mensch hat eine Menge Kommandos, auf die sein Hund hört – oder wenigstens hören sollte. Im Lauf der langen Freundschaft hat Bello aber nicht nur zu hören gelernt. Er hat sich auch die Fähigkeit angeeignet, unsere Körpersprache, die nonverbalen Signale, so gut zu erfassen, dass wir glauben, er könne unsere Gedanken lesen. Höchste Zeit, dass auch Menschen anfangen, die Sprache der Hunde und ihre ausgesprochenen und unausgesprochenen Signale zu verstehen!

DER DACKELBLICK

Eine Fähigkeit, über die nicht nur Dackel verfügen: Der Mensch, der mit Essen beschäftigt ist oder der Zugang zu Essen hat, wird mit den Augen und einem traurigen Blick fixiert. Wir nennen das Betteln und mancher sagt: „Ein feiner Hund bettelt nicht!" Dem möchte man aber mit einem Zitat von Bertolt Brecht antworten: „Erst kommt das Fressen, dann die Moral." Der Dackelblick hat sich in der sehr langen gemeinsamen Geschichte von Mensch und Hund auf optimale Wirkung hin entwickelt.

PFOTE GEBEN

Aus unserer menschlichen Sicht ist das die Steigerung des Dackel-blicks. In Kombination damit ist es wirklich unwiderstehlich.

Die Geste berührt uns, weil sie so menschlich erscheint. Reicht uns der Hund doch sozusagen die Hand. Und weil die Wirkung gar so überwältigend ist, die Freude groß, verstärkt sich das Verhalten, das ja so gut ankommt. In Grundzügen stammt es aus dem Repertoire des Welpen. Als sogenannter Milchtritt hat es in seinen frühen Tagen den mütterlichen Milchfluss gefördert. Beim erwachsenen Hund wirkt es immer noch ganz ähnlich – doch statt Milch fördert der Anstoß dann eher Leckerli.

KOMM, SPIEL MIT MIR!

Die Augen blitzen, der Mund wie zum Lachen leicht geöffnet, die Ohren stehen hoch und die Vorderbeine liegen in der ganzen Länge in leichter V-Form auf dem Boden, während die Hinterbeine zur Hocke angewinkelt bleiben: Das ist die eindeutige

Aufforderung eines Hundes zum Spielen. Ist kein anderer Hund da und hat der Mensch Lust, mit seinem Hund zu spielen, funktioniert die Aufforderung auch vom Zweibeiner zum Vierbeiner. Hocken oder knien Sie sich hin, schlagen sie mit den Händen flach auf den Boden – Ihr Hund wird aus dem Häuschen sein!

KEINEN SCHRITT WEITER!

Der Kopf gesenkt, die Zähne gefletscht, die Ohren zurückgelegt ... schon Charles Darwin hatte festgestellt, dass diese Signale in Kombination mit Knurren von Hunden und vielen anderen Säugetieren als Drohung eingesetzt werden. Schimpfen oder drohen ist dann ebenso wenig eine Lösung wie flüchten. Am klügsten ist es in solchen Situationen, den Hund einfach zu ignorieren. Wenn man ihn nicht ansieht, sich normal unterhält, sich ein wenig zur Seite dreht, grollt er ins Leere und die Luft ist raus.

JAULEN UND HEULEN

Wenn seine Menschen den Hund verlassen – ganz gleich ob für eine Besorgung oder eine längere Reise – in den meisten Fällen äußert der Hund nach der Trennung ein mehr oder weniger lautes und mehr oder weniger intensives Jaulen. Da die Äußerung bei Trennungssituationen mit Spielkumpanen kaum einmal zu vernehmen ist, dürfte es sich um ein Verhalten handeln, das der Bindung innerhalb der Familie dient.

Erheblich fröhlicher klingt da schon das Heulen. Es lässt sich relativ leicht auslösen, indem man seinem Hund einfach etwas vorheult. Er wird den Kopf heben und in die Höhe strecken wie ein Wolf, mit Begeisterung einstimmen und total aufgekratzt sein. Heulen gilt als archaisches Erbe aus der gemeinsamen Stammform von Hund und Wolf. In der Natur können Mitglieder einer Familie über größere Entfernungen Kontakt miteinander halten und einander wiederfinden.

Schlau wie ein Kleinkind

Hunde können Menschenworte auf Anhieb erlernen. Forscher haben herausgefunden, dass einmal gehörte Worte bei klugen Hunden dauerhaft im Gedächtnis bleiben und auch nach langer Zeit verstanden werden. Die erstaunliche Leistung des Testhundes vergleichen die Wissenschaftler mit dem Lernvermögen eines dreijährigen Menschenkindes.

Hundebad
mit doppeltem Schleudergang

Das kennen wohl viele Hundebesitzer: draußen immer gern rein ins Wasser – aber drinnen eher widerwillig! Es gibt Hunde, die springen mit Begeisterung in jeden Teich und Bach – doch wenn's ans Baden geht, erweisen sich selbst die größten Wasserratten als geradezu wasserscheu.

Gegen den Stress beim Hundebad empfehlen Experten deshalb allen, einen jungen Hund früh ans Waschen zu gewöhnen. Mit sanften alkalifreien Hunde-Shampoos oder einem Baby-Shampoo geht das bereits im Alter von zwölf Wochen.

Natürlich sollte ein Hund nicht zu häufig gebadet werden, besonders nicht im Winter. Denn auch das mildeste Shampoo entzieht dem Fell wetterabweisende Fette. Doch die regenerieren sich auf natürlichem Weg innerhalb weniger Tage ganz von selbst. Kein Problem also, wenn der Hund mal außer der Reihe gewaschen wird, weil er müffelt.

Die Temperatur des Badewassers sollte, wie beim Babybad, mit dem Thermometer bestimmt werden. So lassen sich unliebsame Schocks vermeiden, die das Badeerlebnis künftig gründlich vermiesen könnten. 34 Grad sollte die Temperatur im Idealfall betragen. Wenn Sie Gelegenheit haben, Ihren Hund im Sommer draußen im Garten zu baden, spielt das an warmen Tagen allerdings keine Rolle, weil's Spaß macht und weil die Abkühlung aus dem Gartenschlauch meist willkommen ist. Achten Sie darauf, dass kein Wasser oder Schaum in die Nase, in Augen oder Ohren des Hundes kommen. Spülen Sie das Fell so lange aus, bis kein Schaum mehr zu sehen ist. Dann rubbeln Sie ihn gründlich mit einem alten Handtuch ab.

Das Abtrocknen können Sie ruhig lange und intensiv ausdehnen. Ihr Hund liebt es und vielleicht trägt der fröhliche Ab-

schluss dazu bei, dass er sich beim nächsten Badetermin weniger sträubt, ja vielleicht findet er einmal sogar Freude daran.

Wenn Hunde sich selbst abtrocknen, dann tun sie das in einem Zwei-Stufen-Programm. Wenn Sie genau hinsehen, werden sie feststellen, dass ein nasser Hund zuerst Kopf, Hals und Brust trockenschleudert. Im folgenden zweiten Gang wird das hintere Ende geschüttelt.

Die ersten 100 Tage im Leben eines Hundes

Kuscheln ist das A und O der ersten Lebenstage. Noch klappt der innere Thermostat, die Wärmeregulierung der blinden und nackten Welpen, nicht von selbst. Wie Wärmflaschen hält einer den anderen warm.

Um den 21. Lebenstag dürfen Welpen zum zweiten Mal Geburtstag feiern. Jetzt erblicken sie tatsächlich das Licht der Welt. Die Augen öffnen sich.

Auch hinter den Augen blitzt es jetzt heller. Forscher, die mit einem EEG (Elekroencephalographen) die Hirnströme der Welpen aufzeichneten, stellten fest, dass die Hirntätigkeit von anfangs Null nach drei Wochen einen Höhepunkt erreicht.

Auch das Gehör nimmt nun seine Arbeit auf, und täglich wird es feiner. Instinktiv geht die Hundemutter darauf ein und spricht

die Welpen nun auch akustisch mit Bellen und Winseln an. Vielleicht ist es die Freude über die neu gewonnenen Fähigkeiten – etwa im Alter von drei Wochen fangen die meisten Welpen auch an zu wedeln. Allerdings gibt es hier große Unterschiede zwischen den Rassen. Cocker, Beagles und Foxterrier zum Beispiel wedeln oft schon mit 10 Tagen.

Und weil das Schwanzwedeln auch ein Signal an die soziale Umwelt ist, zeigt der Welpe damit, dass er kontaktbereit und in seine erste Phase der Sozialisierung eingetreten ist. Weil diese Phase zu den „sensiblen" Lebensabschnitten gehört, in denen das Verhältnis zu Artgenossen für ein ganzes Leben festgelegt wird, sprechen Verhaltensforscher von einer Prägungsphase. Mit Mutter und Geschwistern nimmt der Welpe nun erst-

mals auch spielerischen Kontakt auf. In diesem Alter macht er keine Unterschiede zwischen Menschen und seinen Artgenossen. Ein schlauer Züchter beschäftigt sich in dieser fünften Lebenswoche intensiv mit den Welpen und mogelt sich so mitten ins Familienleben ein. Künftige Hundehalter tun gut daran, Züchter und Welpen schon vor der siebten Lebenswoche zu besuchen und sich mit ihnen bekannt zu machen. Denn in der achten Woche setzt eine tiefgreifende Veränderung ein, die das Kennenlernen erschwert: Bis dahin reagieren die Welpen auf jedermann gleich freundlich. Doch jetzt zeigen sie auf einmal Furcht vor Unbekannten. Ähnlich geht es ja auch Menschenkindern, wenn sie anfangen zu „fremdeln". Auch bei der Hundemutter hat sich in der achten Welpenwoche einiges verändert. So ist nicht nur ihr Milchvorrat, sondern auch ihre Engelsgeduld im Umgang mit den lieben Kleinen erschöpft. Mit Knurren behauptet sie nun ihr Recht auf Ruhepausen. Die Trennungsphase ist eingeleitet. Ein guter Zeitpunkt, den Hund vom Züchter zum endgültigen Halter zu übergeben. 100 Tage nachdem sich die Augen erstmals geöffnet haben, gilt die psychische Entwicklung des Hundes als weitgehend abgeschlossen.

Welpenschutz?

Ja, den Welpenschutz gibt es. Aber: Das gilt nur innerhalb der Familie. Da darf ein junger Hund sich wirklich alles herausnehmen.

Ein fremder Hund, der dem Kleinen beim Spaziergang begegnet, kann durchaus ruppig auf eine tapsige Annäherung reagieren und dem Welpen tatsächlich einen Schreck fürs Leben verpassen.

Null Punkte
bei der Geburt

Dalmatiner-Welpen kommen ohne Punkte auf die Welt. Eigentlich ist die Hunderasse für ihre vielen Punkte bekannt – nicht zuletzt auch durch den Disney-Film „101 Dalmatiner", in denen die Hundekinder wegen ihres auffälligen Fells sogar gejagt werden ...

Doch bei der Geburt sind die Welpen am Körper schneeweiß und fleckenfrei. Die rassetypischen Tupfen entwickeln sich erst ab dem 10. Lebenstag und bleiben dann ein Leben lang auf dem rechten Fleck.

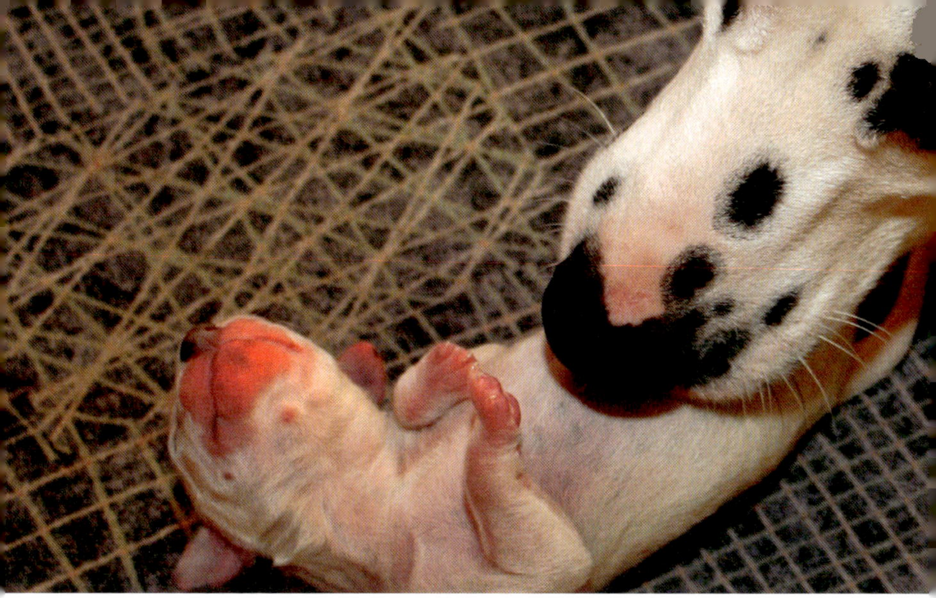

Ein Menschenjahr sind 7 Hundejahre

Wie alt ist mein Hund eigentlich? Weil nach allgemeiner Ansicht das Hundejahr anders zählt als unseres, rechnen viele das Lebensalter nach der Faustregel um: Ein Menschenjahr sind sieben Hundejahre. Falsch. Rechnen wir doch mal: Ein Hund von sieben Jahren wäre nach der Regel also im Menschenleben 49 Jahre alt. Das klingt noch irgendwie plausibel. Doch sehen wir weiter: Ein Dackel von 15 – und das ist heute bei guter Ernährung und Haltung keine Seltenheit, sondern eher die Regel – wäre nach Adam Riese stolze 105 Jahre alt. Ganz im Ernst: Haben Sie schon mal einen 105-Jährigen gesehen, der Bällen und Stöckchen hinterher rennt und mit anderen Fangen spielt? Und kann ein siebenjähriges Menschenkind Kinder bekommen wie ein einjähriger Hund?

Hunde altern anders als Menschen und sie reifen erheblich schneller. Ein Hund im Alter von einem Jahr entspricht eher einem Teenager als einem Erst- oder Zweitklässler. Sechs Monate später ist der Hund voll ausgewachsen. Das ist bei Menschen erst im Alter von 20 Jahren der Fall. Gemessen am Entwicklungsstand wäre ein Hund von einem Jahr etwa 16 bis 18 Menschenjahre alt. Das dritte Halbjahr im Hundeleben entspricht etwa sechs Menschenjahren. Jetzt ist er voll erwachsen, bleibt wie er ist – bis die ersten grauen Haare im Bart zeigen, dass der Alterungsprozess beginnt. Und auch hier lässt sich nicht so ohne weiteres ein Vergleich zwischen Zwei- und Vierbeinern anstellen. Denn während bei Menschen die natürliche Lebensspanne doch ziemlich einheitlich ist, so unterscheidet sie sich bei Hunden sehr stark in Abhängigkeit von der Rasse und der Größe. So erreichen Dackel und Pudel z.B. oft ein Alter von 15 Jahren und darüber, viele Terrier bringen es auf 13 Jahre, Boxer auf 9 bis 10. Doggen und andere Hunderiesen dagegen werden kaum älter als 8.

Entsprechend unterschiedlich müssten wir die Hundejahre berechnen. Nehmen wir die Kindheit und Jugend aus, die unsere Vierbeiner in einem ganz unvergleichlichen D-Zug-Tempo durcheilen, so entspräche ein Jahr im Menschenleben ganzen zehn Doggen-, aber nur fünf Dackeljahren.

Der Hund stammt vom Wolf ab

Obwohl sie viele Gemeinsamkeiten haben: Canis lupus, der Wolf, ist nicht der Ahnherr von Canis lupus domesticus, unserem Haushund. Vielmehr haben Hunde und Wölfe in ihrem Stammbaum einen gemeinsamen Vorfahr. Doch seit mindestens

125 000 Jahren gehen die beiden Linien getrennte Wege. Manche Wissenschaftler verlegen die Ära des letzten gemeinsamen Ahnen gar auf 300 000 Jahre zurück. Ob vor oder nach Christus spielt hier keine große Rolle.

Einsteins und Vollpfosten auf vier Pfoten

Dr. Rosalind Arden hat einen Intelligenztest für Hunde entwickelt. Viele Herrchen und Frauchen, die schon lange wissen, dass ihr Hund einfach der klügste ist, hätten es mit dem IQ-Test endlich auch schwarz auf weiß. Die 68 Teilnehmer an dem ersten großen IQ-Test hatten alle einen untadeligen gesunden Lebensstil, den man bei Menschen nicht so leicht findet. Arden, die sonst Intelligenz bei Menschen testet: „Keiner der Kandidaten raucht, trinkt, ist übergewichtig. Alle haben einen ähnlichen familiären Hintergrund, die gleiche Ausbildung." Und doch zeigten sich große Unterschiede von Hund zu Hund. Mancher löste die Aufgaben spielend, während andere versagten. Einer der „Klassenbesten", Border Collie „Spike", brauchte im Eingangstest keine Sekunde, um zu sehen, dass im linken Teller ein Leckerli liegt, im Teller an der anderen Wand aber drei. Schwupps wandte sich der wedelnde Kandidat dem Teller zu, der mehr Fressen versprach. Und die anderen 67 Border Collies im Test sahen das genauso.

Dann allerdings wurde das Hundehirn mehr gefordert: Links elf, rechts zwölf Leckerli. Da mussten die Tiere schon grübeln und irgendwie zählen. Und da trennte sich die Spreu vom Weizen: Manche hatten eine lange Leitung, andere lösten das Problem ruckzuck. Forscherin Arden: „Wer diese Aufgabe fix lösen konnte, der schnitt auch bei anderen Tests besser ab."

Geheimnis des Dackelblicks

Sie können einen anschauen – und wir wissen, dass sie etwas von uns wollen: Ist es ein Stück Pizza von unserem Teller, etwas Schokolade, will er ausgeführt oder gestreichelt werden …? „Kein anderes Tier kann uns so vielsagend ansehen, wie ein Hund", sagt Clive Wynne von der Universität Arizona. Der Psychologe ist Spezialist auf dem Gebiet der Hund-Mensch-Beziehung. Zusammen mit Evolutionsbiologen und Anatomen hat er die Gesichtsmimik verschiedener Tiere untersucht und festgestellt, dass der Muskel, der beim Menschen für das Heben der Brauen

zuständig ist, sich auch beim Hund findet. Nicht aber beim Wolf. Die Forscher vermuten, dass sich dieser Muskel – medizinisch „Levator anguli occuli", der Brauenheber – im Laufe der Domestikation des Hundes entwickelt hat. Wie gut dieser kleine Muskel im Dienst der Kommunikation funktioniert, fanden die Forscher bei ihren Beobachtungen in Tierheimen heraus: Hunde, die den sehnsüchtigen Schmachtblick dank ausgeprägter Brauenmuskulatur deutlich einsetzen konnten, wurden rascher in liebevolle Hände vermittelt als ihre weniger ausdrucksstarken Gefährten.

Die 10 besten Tipps,
wenn der Hund zu viel pupst

Fiese Gase aus dem Hintern des besten Freundes. Menschen fühlen sich von üblen Gerüchen abgestoßen – Hunde dagegen scheinen sie geradezu zu lieben: Sie schnuppern da, wo es uns am meisten stinkt. Abstellen lässt sich das nicht – aber man kann mit den richtigen Methoden die Frequenz und die Intensität auf ein erträgliches Maß reduzieren.

NATURTALENTE UND HÄPPCHEN

1. Manche Hunde tendieren eher als andere zu Flatulenz, wie das Pupsen medizinisch korrekt heißt. Rassen wie Boxer, Bulldoggen, Möpse, Pekinesen und Mischlinge mit kurzen Schnauzen sind besonders produktiv. Es wird vermutet, dass sie beim Fressen auf der kurzen Passage von draußen in die Speiseröhre einfach mehr Luft verschlucken als längerköpfige Rassen. Ein probates Mittel gegen allzu viel verschluckte Luft sind kleinere Futterportionen.

TRÄGE HUNDE PUPEN MEHR

2. Hunde sind ausgesprochene Fleischfresser. Ihre Zähne sind auf Packen, Schneiden, Reißen eingerichtet. So wird die Nahrung von den Kiefern eben nur so weit zerkleinert, dass sie in die Speiseröhre passt, von wo aus sie im sackförmigen Magen landet. Bei einem Hund mittlerer Größe hat der Nahrungsbrei von hier bis zum Ausgang etwa acht Meter Darm zurück zu legen. 15 bis 20 Stunden Darmpassage sind normal. Es gilt: Je kürzer die Verweildauer der Nahrung im Darm, desto geringer die Gasbildung. Bewegung, soziales Spiel, Bällchen und Stöckchen fördern die Darmperistaltik und beschleunigen die Ausscheidung.

KLIMASCHÄDLICHE KOHLENHYDRATE

3. Unser menschliches Verdauungssystem kommt ja schon beim Anblick und dem Duft von Speisen in Gang. Und meldet sich mit der Produktion und der Ausschüttung von Verdauungssäften. Ganz ähnlich wie bei den berühmten Hunden des russischen Forschers Iwan Pawlow, bei denen der Speichel floss, sobald der Gong zum Essen läutete. Doch anders als bei uns enthält Hundespeichel keine Verdauungssekrete. Er dient als Gleitmittel. Während in unserem Speichel das Enzym Amylase Stärke bereits im Mund zu Zucker umwandelt, hat der Hund keine Enzyme zur Verarbeitung von Kohlenhydraten. Folglich verzögern sie die Darmpassage und gären. Was nach Entlastung schreit und dabei das Klima belastet.

VORSICHT FETTE!

4. Das Verdauungssystem von Hunden ist auf die Verarbeitung von Fett nicht besonders gut eingerichtet. Denn die wilden Vorfahren lebten von magerem Wild. Tierische Fette im Überfluss gibt es eigentlich erst seit den Zeiten landwirtschaftlicher Intensivmast. Immer aber wenn der Darm besonders viel Arbeit hat, gärt es bei der Verdauung. Fett ist nicht auf Schweinefleisch beschränkt, wo es deutlich sichtbar ist. Vielmehr findet sich Fett unter und in der Haut bei Geflügel oder in Trockenfisch, der aufgrund seines Fischaromas übrigens zu den übelsten Hundepupsen überhaupt führt.

FLEISCH FÜR DEN JÄGER

5. Auch wenn manche Züchtungen die wahre Natur verbergen können: Wie das Raubtiergebiss und der kurze Darm eindeutig zeigen, ist der Hund von der Natur her als Jäger geboren. Tierische Eiweiße sollten also den Großteil seiner Nahrung bilden. Fleisch und Knochen sind übrigens die entscheidenden Auslöser für die Produktion der Magensäure. Die ist bei Hunden so aggressiv (ph 1 beim Hund, beim Menschen ph 4-5), dass sie nicht nur das Fleisch, sondern sogar auch Knochen auflöst. Derart vorbereitet durchläuft die Nahrung den Verdauungstrakt in kürzester Zeit. Mit entsprechend geringer Gasbildung.

LIEGT ES AM FUTTER?

6. Ob Dosen- oder Trockenfutter – das ist bei vielen Hundehaltern eine Glaubensfrage. Doch welche Marke auch bevorzugt wird – es lohnt sich immer ein Blick auf die Deklaration der Inhaltsstoffe. Der Anteil an Proteinen sollte hoch sein – der an den schwerverdaulichen Stoffen wie Soja oder Getreide und an Fett gering. Pottasche als Ballaststoff dagegen ist eher förderlich.

WASSER UND KLEINE PORTIONEN

7. Wasser fördert die Passage der Nahrung durch den Verdauungstrakt. Wassermangel kann sogar zu Verstopfung führen. Die wird in der Regel von heftigen Gas-Eruptionen begleitet. Daher sollte Trinken gefördert werden. Wasser muss für den Hund immer bereit stehen. Trockenfutter sollte bei einschlägig empfindlichen Hunden vor der Fütterung gründlich bis zur breiigen Konsistenz gewässert werden.

MENÜWECHSEL SCHRITT FÜR SCHRITT

8. Eine Nahrungsumstellung kann völlig genügen, aus einem bis dahin unauffälligen Hund eine höchst effektive Fabrik für Biogase zu machen. Eine neue Marke aus der Dose oder die Umstellung bei einer Reise kann die Produktion ankurbeln. Tierärzte empfehlen deshalb die Umstellung der Nahrung in kleinen Schritten.

FOLGE VON MEDIKAMENTEN

9. Medikamente, wie sie z.B. gegen Wurmbefall eingesetzt werden, stören die Verdauungsvorgänge empfindlich. Hinzu kommt die Belastung durch die Parasiten, die in der Regel nach ihrem Tod den Verdauungssäften ihres Wirts schutzlos ausgeliefert sind. Sie bilden damit – sozusagen persönlich – nicht nur den Teil einer Nahrungsumstellung – viel mehr enthalten verschiedene Würmer schädliche Inhaltsstoffe und solche, die in der Lage sind, Darmbewegungen zu steuern. Wegen der Medikamenten-Nebenwirkung empfiehlt sich eine Entwurmung bei Hunden also nicht prophylaktisch und wie früher meist gefordert in regelmäßigen Zeitabständen. Vielmehr sollte eine Wurmbehandlung nur erfolgen, wenn man tatsächlich Würmer im Kot feststellt.

PUPEN BEHANDELN

10. Flatulenz oder in der verschärften Form „Meteorismus" kann Hinweis auf eine Erkrankung – zum Beispiel der Bauchspeicheldrüse – oder auf eine Vergiftung sein. Bei plötzlich auftretenden und unerklärlichen Blähungen des Hundes sollte deshalb ein Tierarzt aufgesucht werden, der der Sache auf den Grund geht und die Ursachen behandelt. Aber auch ohne eine zugrunde liegende Erkrankung lassen sich Blähungen bei Hunden oft durch eine gezielte Diät oder durch spezielle Medikamente auf ein erträgliches Maß reduzieren.

Vom Rattenfänger
zum Promi-Hund

Yorkshire-Terrier, die schicken Lieblingshunde der Prominenz, waren einst die Hunde der allerärmsten Leute in England! In den Siedlungen der Bergarbeiter des englischen Bezirks Yorkshire wurden sie gehalten, um Ratten zu bekämpfen. Die winzigen Hundchen lebten von ihrer Beute und Abfällen und verursachten keine weiteren Kosten. Damit legten die Yorkies eine einzigartige Karriere vom Rattenfänger zum verwöhnten Statussymbol hin!

Der kleine Unterschied beim Wasserlassen

Warum wird Gras gelb, wenn eine Hündin dort ihr Wasser lässt, und warum bleibt es grün, wenn ein Rüde das gleiche tut?

Es liegt an der Menge: Hündinnen erleichtern sich mit einem Mal und produzieren eine große Pfütze. Männliche Hunde dagegen nutzen ihren Urin zur Reviermarkierung. In winzigen Portionen versuchen sie ihre persönliche Marke an möglichst viele Plätze zu setzen. Während bei der Hündin das Gras quasi ertrinkt, übersteht es die Tropfen des Rüden schadlos.

Das Staubsauger-Prinzip

Eines der letzten Rätsel der Hundenase ist gelöst: Die Seiten-
schlitze dienen zum Ausatmen. Im Auftrag der US-Army entwickeln Ingenieure der Technischen Universität Pennsylva-
nia ein Gerät, das Bomben erkennt. Vorbild ist die Hundenase.
Die Entwickler untersuchten deren Luftströme mit Hilfe der
„Schlieren-Fotografie". Die kann Gase, wie z. B. Atemluft, farbig
darstellen und so die Temperaturverteilung und die Strömungen
in Form von bunten Schlieren darstellen. Wenn Hunde schnüffeln, so zeigte sich, dringt beim Einatmen ein Luftstrom mit Duft-
partikeln geradewegs von vorn in die Nasenlöcher. Sobald die
Hundenase etwas Interessantes wahrnimmt, erhöht sich die Frequenz der Schnüffelzüge auf sechs pro Sekunde. Beim Ausblasen
der Luft enthüllten die Schlieren Überraschendes:
Anders als beim Menschen verlässt die er-
wärmte Atemluft die Nase nämlich nicht
nach vorn, sondern seitlich nach hin-
ten. Und zwar durch die Schlitze
an der Hundenase.

Die Länge
macht den Unterschied

Dass Hunde besonders gute Riecher haben, ist hinlänglich bekannt. Aber: Die Nasen der Vierbeiner sind unterschiedlich gut ausgerüstet: 100 Millionen Riechzellen stecken in der Mopsnase, bei Langnasen wie dem Border Collie sind es gar 300 Millionen.

Wir Menschen dagegen bringen es lediglich auf popelige (!) 10 bis 30 Millionen ...

Dackelpower gegen Unistress

Für verzweifelte Studenten gibt es an der Universität von Nottingham eine ungewöhnliche Anlaufstelle: Ein freundlicher Dackel heißt sie schwanzwedelnd willkommen. Vermutlich ist Dackel Jimmy einer der Gründe, warum die Nottingham Trent University zu den beliebtesten Hochschulen Englands zählt.

Studenten aus aller Welt fühlen sich hier wohl. Nicht zuletzt wegen Jimmy und Frauchen Debra Easter (45). Die Leiterin der studentischen Jobvermittlung und Laufbahnberatung kennt die Sorgen ihrer Studis: Das Geld ist knapp, sie haben Prüfungsangst oder wissen nicht, welche berufliche Perspektive ihre Fachrichtung bietet. Seit Debra ihren Tierheimhund mit ins Büro nimmt, hat sich ihr Arbeitstag geändert. „Meine Klienten sind entspannter, wenn Jimmy sie erstmal begrüßt und abgeschleckt hat. Jetzt schauen auch Studenten einfach so bei mir rein. Manche vermissen ihren Familienhund, der bei den Eltern lebt. Durch Jimmy ist die Schwelle zu mir zu kommen niedrig. Ich habe jetzt viel mehr Gespräche, kenne die Kandidaten besser und kann sie besser beraten. Jimmy ist sein Gewicht in Gold wert."

Die Studenten haben ihrem Liebling auch einen witzigen Namen verpasst. Wegen ihrer gestreckten Form sind Dackel in England und den USA als „Wiener Dog", als „Würstchenhund" bekannt. Von den im englischen Frühstück servierten Schweinswürstchen, den Chipolata, hat Jimmy seinen Spitznamen Chipolate bekommen. Und gelegentlich empfängt der ehrenamtliche Mitarbeiter der Studentenberatung seine Besucher mit Doktorhut im dunklen Talar der Professoren.

Stresskiller

Dr. Roger Mugford, Englands führender Hundepsychologe, der auch die Hunde der britischen Royal Family betreut, ist sich sicher, dass Queen Mum (1900–2002) so lange bei bester Gesundheit war, weil sie immer Hunde hatte. Auch für ihre Tochter Queen Elizabeth gehören Hunde zum Leben. Drei Jahre nach dem Verlust ihres letzten Corgis legte sie sich im Alter von 94 Jahren wieder Hunde zu: einen Corgi und einen Corgi-Dackelmix. Aber man muss nicht unbedingt ein Royal sein, auch normale Menschen hält ein Hund gesund!

Eine Studie des Psychologischen Instituts der Universität Bonn ergab, dass 80 Prozent aller Hundehalter mit ihrem Leben zufrieden sind. Bei den Nicht-Hundehaltern ziehen dagegen nur 55 Prozent diese positive Bilanz. Natürlich haben Hundehalter deswegen nicht weniger Ärger im Alltag, aber an der Seite des Tiers scheinen kleinere Sorgen nicht so sehr ins Gewicht zu fallen. Ein Einfluss, der klare Erfolge zeigt. So ist der Bedarf an Schmerzmitteln und stimmungsaufhellenden Psychopharmaka bei Hundehaltern deutlich geringer als bei Menschen ohne Hund. Im Laufe eines 15-jährigen Hundelebens kann sich das leicht auf einige tausend Tabletten summieren, die dem Körper mit all ihren unerwünschten Nebenwirkungen erspart bleiben.

Die stressbefreiende Wirkung scheint auch älteren Menschen und Kranken sehr gut zu bekommen, wie Studien an Patienten zeigen, die einen Herzinfarkt erlitten hatten. Professor Erika Friedmann und Mitarbeiter vom Brooklyn College in New York begleiteten 78 Infarktpatienten über zwei Jahre. Von den 28 Patienten, die zu Hause kein Tier hatten, verstarben innerhalb eines Jahres 11 Patienten. Von den 50 Patienten, die ein Tier hielten, verstarben nur drei.

Sozialpädagoge Frank Nestmann von der TU Dresden sieht zwei Gründe für den verblüffenden Erfolg in der Rehabilitation: „Neben den körperlichen Herausforderungen, die ein Hund an den Halter stellt, profitieren Herzpatienten besonders von der positiven Lebenseinstellung, die so ein Tier vermittelt."

Eigentlich sollte es Hunde auf Rezept geben.

Hunde gehören bei den Royals zur Familie: hier König George VI, Queen Mum, die spätere Königin Elizabeth II als Kind und ihre Schwester Prinzessin Margaret mit den Familienhunden

Wer hinten wedelt,
kann vorne nur nett sein

Schwanzwedeln ist immer freundlich – schwer getäuscht! Ein mit dem Schwanz wedelnder Hund sieht erst einmal freundlich aus. Doch nicht jedes Wedeln ist nett gemeint! Das Schwanzwedeln ist Ausdruck der Erregung – und die kann sehr wohl freudig sein, etwa bei einer Begrüßung – aber auch feindlich und aggressiv. Das wird besonders deutlich, wenn Bello vorne böse kläfft und seine Zähne entblößt, während das hintere Ende wedelt.

Hunde „im Dienst"

Ein Hund, der im Haushalt hilft, Vögel verscheucht, vor Feuer warnt, die Gesundheit bewahrt, Leben rettet, als Filmstar Geld nach Hause bringt … und sogar bares Geld erschnüffeln kann, wenn es sich um größere Beträge handelt. Ist das nicht fantastisch? Noch besser: All dies kann Hund lernen.

MOTTENJÄGER

Weimaraner Riley beschützt die Kunstschätze des Boston Museum of Fine Arts mit seiner Spürnase. Die ist ausgebildet, Motten, Museumskäfer und sonstige tierische Schädlinge, die den Kunstwerken zusetzen könnten, zu erschnüffeln, damit sie unschädlich gemacht werden können.

FEUERMELDER

Gut, wir haben jetzt Rauchmelder in allen Wohnungen – aber die empfindliche Hundenase reagiert instinktiv auf Rauch oder Feuer und nimmt Brandgerüche früher wahr als jeder handelsübliche Rauchmelder. Sagt der schwedische Verhaltensforscher und Tierpsychologe Anders Hallgren. Er hat ein Training entwickelt, das Hunde bellen, sobald sie Rauch oder Feuer wittern.

VOGELSCHEUCHE

Mittlerweile werden auf vielen Flughäfen speziell ausgebildete Border Collies, die als besonders intelligent und gelehrig gelten, zum Verscheuchen von Vögeln eingesetzt. Bei der US-Armee sind die Hunde schon lange Zeit auf Luftwaffenstützpunkten am Meer vertreten. Vor allem in Küstennähe können die meist schweren und großen Wasservögel beim Zusammenprall mit einem Flugzeug erhebliche Schäden in den Triebwerken verursachen. Auch

in Deutschland wurden sie auf den Flughäfen von Hannover, Bremen und Hamburg testweise schon erfolgreich eingesetzt. Allerdings ist ein hierfür abgerichteter Border Collie nicht ganz billig, er kostet 15 000 bis 20 000 Euro.

SCHIMMELFAHNDER

Die Ausbildung des Hundes zum Aufspüren von Schimmel ist vergleichbar zu der von Drogen- oder Sprengstoffspürhunden der Polizei. Der Hund wird für eine bestimmte Geruchskomponente sensibilisiert und durch Belohnung und positive Bestärkung dazu gebracht, sie zu melden. Da der Schimmel häufig in der Bausubstanz versteckt liegt, kann die feine Hundenase beim Aufspüren sehr hilfreich sein. Erste Schimmelspürhunde in Deutschland sind bereits vom TÜV geprüft und zertifiziert.

EPILEPSIE-WARNER

Ziel der Ausbildung ist es, den Betroffenen bzw. sein Umfeld vor einem epileptischen Anfall zu warnen. In Deutschland eine noch relativ seltene Methode. Bei einer kanadischen Studie am Alberta Children's Hospital stellte sich heraus, dass 15 Prozent der Hunde, deren Familien epileptische Kinder haben, instinktiv und ohne besonderes Training, im Schnitt 2,5 Minuten vorher durch intensives Lecken im Gesicht, durch Winseln oder indem sie dem Kind nicht mehr von der Seite wichen den Anfall anzeigten. Vor allem Hündinnen großer Rassen (Labrador und Golden Retriever, Schäferhunde etc.) erwiesen sich als begabte Warner.

BARGELDNASE

Sie werden auf das Erschnüffeln des Geruchs des Papiers und der Druckerfarben von Geldscheinen trainiert und sind vor allem in den Grenzgebieten und an Flughäfen im Einsatz, um organisierten Geldwäschern auf die Spur zu kommen. Die Hunde kön-

nen nicht nur den Euro, sondern auch andere Währungen erschnüffeln. Wichtig bei der Ausbildung ist, dass der Hund nur bei
größeren, nicht aber bei normalen Beträgen anschlägt.

FILMSTAR

Sie sehen in Ihrem Hund das Potential eines Filmstars, er liebt es
Tricks und Kunststücke zu lernen und spielt gerne den Pausen-
clown? Deutschlandweit gibt es einige Filmtiertrainer, die immer
wieder offene Castings veranstalten, um neue Gesichter für Film
und Fernsehen zu finden. Voraussetzung für den Hund: offenes
Wesen, Freude im Umgang mit vielen Menschen, Stressresistenz,
guter Grundgehorsam. Bei Dreharbeiten muss der Hund aus der

Distanz gelenkt werden können. Diese Fertigkeiten und der Fein-schliff werden zusammen mit dem Filmtiertrainer erarbeitet.

UMWELTSCHÜTZER

Die junge Firma 4Ocean sammelt Plastikmüll von Meeren und Stränden und recycelt den zu Armbändern. Für jedes verkaufte Armband versprechen die Aktivisten, weitere 500 Gramm Plastik zu sammeln. Jetzt haben die Meeresschützer einen ungewöhn-lichen Mitstreiter an Bord: Lila, der sechsjährige Labrador von Firmengründer Axel Schulz, sammelt Plastik vom Strand und sogar aus dem Meer. Nachdem Lila ursprünglich darauf trainiert war, Langusten unter Wasser aufzuspüren und zu fangen, wurde sie auf Plastik umgeschult.

GRAFFITISCHRECK

In Sachsen-Anhalt werden seit neuestem Polizeihunde zu Graf-fiti-Spürhunden spezialisiert im Kampf gegen die sehr aktive Sprayer-Szene. Diese Hunde werden nicht auf die Farbgerüche trainiert, sondern nehmen ausgehend vom Ort der „Verzierung" die menschliche Witterung auf und führen die Beamten im Ideal-fall bis vor die Haustüre des Sprayers.

Der richtige Riecher

Schier unglaublich, was Hundenasen leisten: Sie verfolgen Spuren, finden Drogen und Sprengstoffe, entdecken Krebs, warnen Epileptiker vor dem nächsten Anfall ... Neue Herausforderungen erzwingen neue Lösungen: Hunde-Supernasen werden nun auch zur Früherkennung der Covid-19-Erkrankung trainiert.

Begleitet von seinem Hundeführer Miguel Acosta schnuppert Donnie an den Proben.

Das Virus selbst können sie nicht riechen, weiß die Projektleiterin Dr. Esther Schalke. Wohl aber Veränderungen im Geruch infizierter Personen. Wie sich in Tests zeigte, genügt dafür eine Speichelprobe. So wurden die Hunde der Bundeswehr-Diensthundeschulung in Ulmen darauf trainiert, Speichelproben von Covid-19-Patienten zu erkennen. Die Proben wurden in einer Art Karussell zufällig verteilt auf verschiedene Kammern. In die schnupperten die Hunde hinein. Blieben sie bei der Probe eines Erkrankten stehen, gab es eine Belohnung.

Die Diensthunde sind auf Zack. Gerade mal eine Woche wurden sie trainiert, dann hatten sie im Abschlusstest mit 1012 Speichelproben eine Trefferquote von 94 Prozent. Am besten schnitt der belgische Schäferhund Donnie ab, der seitdem als „Dr. Donnie" an der Seite seines Hundeführers Miguel Acosta unterwegs ist.

Die Aussicht, infizierte Personen ohne großen Aufwand künftig allein durch Beschnuppern zu identifizieren, ist verlockend. Besonders an Flughäfen oder Bahnhöfen oder Großveranstaltungen ließen sich so Infektionen verhindern. Kein Wunder also, dass Dr. Donnie inzwischen viele hoffnungsvolle Kollegen in aller Welt hat.

Feines Näschen
für die feine Knolle

Wussten Sie, dass es nicht nur Trüffelschweine, sondern auch Trüffelhunde gibt? In den klassischen Trüffelländern haben Hunde das traditionelle Trüffelschwein schon lange abgelöst. Zwar ist die Nase von Schweinen und Wildschweinen auf den Trüffelduft geeicht, doch lässt sich auch ein bestens ausgebildetes Trüffelschwein kaum davon abhalten, einen guten Teil seiner Lieblingsspeise auf der Stelle zu verzehren. Hunde sind da zurückhaltender – sie freuen sich auf ein Lob und ein geworfenes Stöckchen als Erfolgsprämie.

„So ein Lagotto ist kein Couch-Potatoe", sagt Herrchen Fabian Sievers. Bevor der Trüffelfarmer, der auch Trüffelhunde ausbildet, zum Feierabend nach Hause geht, macht er noch einen ausgiebigen Spaziergang mit seiner Hündin Woopee. Deren Locken weisen unverkennbar auf die weitläufige Verwandtschaft zur Sippe der Pudel. „Sie muss sich auspowern, sie braucht ihre

Arbeit." Wenn ihr Mensch dabei sechs bis acht Kilometer zurück-
legt, dann dürfte die Strecke für seine Woopee geschätzt mindestens doppelt so lang sein. Denn die Hündin läuft nicht einfach geradeaus: Mit der Nase dicht am Boden stöbert sie im
Laub, nimmt einen Zickzack-Kurs um ja nichts zu versäumen,
was an Gerüchen überm Boden wabert. Duftspuren von Hase,
Reh, Dachs, Fuchs und Co., die ihren Weg gekreuzt haben, nimmt
sie natürlich wahr. Doch anders als bei Jagdhunden lassen sie
Woopee kalt.

Die siebenjährige Hündin ist ein Lagotto Romagnolo – eine
Jahrhunderte alte italienische Rasse, ursprünglich zur Jagd auf
Wassergeflügel gezüchtet. Die wasserliebenden Hunde sind als
„Italienischer Trüffelhund" bekannt. Ihr feines Näschen ist auf
einen edlen Pilz spezialisiert. Wild würde da nur ablenken.

Als Menschen können wir uns gar nicht vorstellen, wie an-
strengend es sein kann, Düfte nicht nur aufzunehmen, sondern

sie gewissermaßen im Gehirn zu sortieren und zu bewerten. Die Verarbeitung der Reize aus 200 Millionen Riechzellen erschöpft einen Hund so sehr, wie eine intensive körperliche Anstrengung. Wenn Woopee nach einem Schnupperausflug heimkommt, fallen ihr gleich die Augen zu.

Wer glaubt, dass Trüffel nur in Italiens und Frankreichs Wäldern wachsen, der war noch nicht mit einem ausgebildeten Trüffelschnüffler in Deutschland unterwegs. Die edle Knolle zeigt sich zwar nicht offen, wie andere Pilze, doch gedeiht sie hierzulande unter der Erde überall, wo der Boden kalkhaltig ist, wo Buchen, Hainbuchen, Haselnuss, Linde und Eiche wachsen. Pilzkenner behaupten gar, dass es hierzulande mehr Trüffel als andere Speisepilze gibt. Dennoch ist das Sammeln der bei uns unter Naturschutz stehenden Knolle verboten.

Hundeschlaf nach Maß

1. GEHT IMMER: DAS KLEINE NICKERCHEN

Sie tun es im Auto, im Restaurant, neben der Parkbank, unterm Tisch, im Garten, auf dem Sofa und im Körbchen. Beneidenswert: Hunde können praktisch immer und überall ein Nickerchen halten. Dabei sind sie praktisch unermüdlich, wenn sie uns begleiten oder sportliche Aufgaben zu bewältigen haben. Doch kaum sind sie nicht mehr gefordert, suchen sie sich einen Platz, drehen sich ein paar Mal im Kreis und lassen sich nieder. Oft mit einem begleitenden Ächzen. Und siehe da – ganz gleich, ob viele Menschen im selben Raum sind, ob es laut ist, bewegt oder Musik läuft – der Kopf sinkt ganz entspannt auf die Vorder- oder Hinterpfoten, die Augen sind geschlossen und Bello ist schon entschlummert. Das Nickerchen, der Halbschlaf, bei dem die Sinne arbeiten, der Körper sich aber entspannt und erholt. Hierbei zeigt der Kopf nach vorn, die Hinterbeine liegen hinter oder unter dem Körper. Wenn Sie ihn jetzt mit Namen ansprechen, werden Sie am Ohrenspiel erkennen, dass er ansprechbar ist und bereit, sofort zu reagieren, wenn Sie nach einer Pause etwa weitergehen möchten. Auf Zuruf steht er auf und ist auf der Stelle hellwach.

2. GEHT OFT: DER PRIVILEGIERTE TIEFSCHLAF

Anders als beim leichten Nickerchen zwischendurch sind im Tiefschlaf der Hunde alle Alarmanlagen ausgeschaltet. Das leistet sich ein Hund nur dort, wo er sich absolut sicher und geborgen fühlt. Hierbei rollt er sich zusammen wie ein Kätzchen, Kinn oder Backe auf die Hinterschenkel gebettet wie auf ein Kopfkissen oder flach ausgestreckt auf der Seite liegend. Die enorme Fähigkeit unserer Haushunde, bis zu 16 Stunden täglich tief und fest schlafen zu können, gilt als Wolfserbe. Tiefschlaf gilt als Privileg der wehrhaften Tiere. Anders als Rehe, Hasen, Mäuse und andere Pflanzenfresser, die sich als Beutetiere nur einen sehr leichten Schlaf gönnen können, riskieren Hunde und Wölfe im Schutz des Rudels wenig, wenn der Schlaf so tief ist, dass sie eine Bewegung in ihrer Nähe nicht einmal mehr wahrnehmen.

An den Pfoten können wir ganz gut erkennen, was unseren Hund in seinen Träumen beschäftigt. Denn die zucken im Tiefschlaf oft ganz so, als ob Bello gerade über eine grüne Wiese hinter einem Hasen herliefe. Und manchmal blafft und quietscht er schließlich freudig erregt. Vielleicht hat er gerade den Hasen gefangen, der ihm kürzlich vor der Nase hersprang, als er an der Leine spazieren ging. Und sicher kann er nach dem erträumten Jagderfolg nun noch ruhiger und glücklicher weiterschlafen.

Die Hunde-Selbstmordbrücke

Mehr als 300 Hunde sind von hier in die Tiefe gesprungen. Einige Zeitungen in England berichten von 600 Tieren. 50 Tiere haben den Sturz nicht überlebt. In England nennt man die Brücke: „Dogs suicide bridge", die „Selbstmordbrücke der Hunde".

In drei Bögen überspannt die Victorianische Overtoun Bridge das Flüsschen Overtoun Burn, das knappe 20 Meter unter der

Brüstung aus schwarzem Basalt fließt. Was treibt Hunde dazu, über die Brüstung zu springen? Paul Owens, ein Lehrer aus dem nahen Glasgow, der das Rätsel seit elf Jahren systematisch untersucht, hat ein Buch darüber geschrieben. Er ist der Ansicht, dass es ein Fluch ist. „White Lady", die 1908 verstorbene Herrin des prächtigen Overtoun Manour, soll die Tiere in den Tod treiben. Anwohner wissen aber auch, dass der Fluss in der alten keltischen Glaubenswelt ein „Thin place" ist, ein Platz, an dem sich Himmel und Erde überlappen.

Auch die Verhaltensforschung geht der Frage nach. Dem Zoologen David Sands fiel auf, dass besonders häufig Hunde mit langen Nasen und besonders ausgeprägtem Geruchssinn in die Tiefe gestürzt sind. Er glaubt nicht an Selbstmord. Vielmehr vermutet er, dass der Geruch von Dachsen, Mardern oder anderem Wild in dem grünen Flusstal die Hunde anzieht.

Von der Brücke aus können sie nicht ahnen, wie tief es hinter der Brüstung runter geht. „Wenn sie auf oder über die Brüstung springen, gibt es kein zurück."

Der Mikrochip –
der Hunde-Reisepass
unter der Haut

Man sieht es ihnen nicht an. Doch einige Millionen Hunde in Deutschland tragen ihn schon – den Mikrochip. Seit dem 3. Juli 2011 ist er in Kombination mit dem blauen EU-Heimtierpass verbindlich bei Grenzübertritten mit dem Hund. Wie die herkömmliche Ohr-Tätowierung, so hilft auch die zentral registrierte Chipnummer in vielen Fällen, vermisste Tiere zu ihrem Halter zurückzubringen. Mit einer Länge von etwa 20 mm und einem Durchmesser von 1 mm ist der Chip kaum größer als ein Reiskorn. Sein individueller und unverwechselbarer Nummerncode lässt sich mit speziellen Lesegeräten entziffern.

Der neue blaue Impfpass (= EU-Heimtierausweis) ist beim Tierarzt erhältlich. Impfungen – wie gegen Tollwut – müssen bei Auslandsreisen in diesem Ausweis eingetragen sein. Der Tierarzt darf aber nur bei bereits gechippten Tieren einen Eintrag vornehmen. Ein Nachtrag, wie es früher beim gelben Impfpass möglich war, ist ebenso ausgeschlossen wie das nachträgliche Chippen.

Chip und Heimtierausweis gibt es beim Tierarzt. Der Chip wird mit einer Art Injektionsspritze unter die Haut gepflanzt. Meist in die linke Schulter-Nackenregion. Die Prozedur verläuft ohne Narkose, ist kurz und schmerzlos wie eine Impfung.

Der Mikrochip ist ein elektronischer Transponder, der von den vom Lesegerät ausgesandten Radiowellen aktiviert wird. Auf dem Display des Lesegeräts erscheint die 15-stellige ID-Nummer. Die ersten drei Zahlen dieser Reihe sind Landeskennung, die weiteren 12 Zahlen sind die weltweit einmalige Codierung. Bis zu 400 000 Hunde pro Jahr entlaufen Herrchen oder Frauchen. Es empfiehlt sich, den Tierarzt zu beauftragen, dass er ein ge-

chipptes Tier bei einem zentralen Register (etwa Tasso Haustier-
register oder Tierschutzbund) anmeldet. Für den Fall, dass das
Tier entläuft oder irgendwie abhandenkommt, bestehen dann
gute Chancen auf ein Wiedersehen.

Ernährungs-Trends

Vermutlich waren unsere Vorfahren noch recht zottelig, als ihnen die Ahnen moderner Hunde und moderner Wölfe über den Weg liefen. Zu Zeiten des Neandertalers, vor 135 000 Jahren. Seitdem gehen die Linien von Hund und Wolf getrennte Wege. Vermutlich weil der eine Zweig sich dem Menschen anschloss, während der andere draußen blieb und zum Wolf von heute wurde.

Gewiss fraß unser Urhund alles, was Tierärzten und Futtermittelherstellern heute als „Pfui" gilt: Tischabfälle der Steinzeitler schon lange vor der Erfindung der Tische. Und er gedieh bei Knochen, Sehnen, Mark und Bein, Muskel, Mägen und Fett, Haut und Haar von Mammut, Urwildpferd, von Wildschwein, Saiga-Antilope, von Wollnashorn und Robbe – roh, gesotten, gegrillt, halbgar oder gar halb verwest. Seine extrem starke Magensäure tötet noch heute Mikroben ab.

Nun hat sich seit den Tagen der Höhlenmenschen nicht nur die Lebenserwartung, sondern auch der Anspruch auf die Qualität der Nahrung erhöht. Viele sagen: „Was für mich gut ist, kann auch für meinen Hund nicht schlecht sein", sagt der Sprecher des Industrieverbands Heimtierbedarf Detlev Nolte.

Wer seine Diät also aus den verschiedensten Gründen umstellt, der macht sich auch Gedanken über die Ernährung seines Hundes. So erkennt der Handel deutliche Trends in Richtung vegetarischer oder sogar veganer Ernährung für Hunde. Ob das für einen Carnivoren (zoologisch = Fleischfresser) artgerecht ist, bleibt zu bezweifeln. Um die gesundheitlichen Defizite bei dieser Diät auszugleichen, bietet der Handel die verschiedensten Nahrungsergänzungsmittel an.

Zum Schnappen lecker:
Hundekekse selbst gebacken

(GARANTIERT GESUND UND OHNE GROSSEN AUFWAND!)

Man nehme: 2 bis 3 Gläschen handelsüblicher Babynahrung, die meist in Portionen zu 190 oder 125 Gramm angeboten werden. Je nach Gusto mit Karotte, Reis, Hühnchen- oder Rindfleisch.

Das wird mit etwa der gleichen Menge Mehl vermischt, bis ein fester Teig entsteht.

Teig ausrollen und die Kekse wie Weihnachtsplätzchen in der gewünschten Größe und Form ausstechen.

Kekse auf Backpapier für 20 bis 25 Minuten in den auf 200 Grad vorgeheizten Backofen legen. Für lange Haltbarkeit ist es wichtig, dass die Kekse gut durchtrocknen. Dafür lässt man sie bei leicht geöffneter Backofentür noch im Ofen, bis dieser abgekühlt ist.

Schön knusprig bleiben sie in einer Papiertüte.

Blutspende für Hunde

Auch Hunde können Blut spenden. Interessant ist – obwohl Hunde viel mehr Blutgruppen haben als der Mensch, nämlich mehr als 30 –, dass die erste Spende für den Empfänger immer funktioniert. Auch wenn die Blutgruppen nicht übereinstimmen. Erst wenn sich nach der ersten Blutspende Antikörper beim Empfänger gebildet haben, sind bestimmte Typen von Spenderblut nicht mehr verträglich. Das Problem ist, dass die rettende Konserve für Hunde nicht so professionell flächendeckend gesammelt und gelagert wird wie für menschliche Patienten. So steht sie nicht immer und überall für Notfälle zur Verfügung. Bei der Vorbereitung größerer Operationen legen Tierärzte und Tierkliniken deshalb einen Vorrat von Eigenblut an.

Globuli für Tiere

Skeptiker sind der Meinung, dass Homöopathie nur denjenigen hilft, die daran glauben – die sprechen vom Placebo-Effekt. Was aber ist mit Tieren, die gar nicht wissen, dass die kleinen Zuckerkügelchen ihnen helfen sollen? Erfolgreiche Behandlungen zeigen: Krankheitsprävention kann bei Hunden häufig durch den Einsatz von alternativen Heilmitteln geschehen. Viele Produkte, die man aus der klassischen Homöopathie kennt, an erster Stelle Arnika Globuli, die als „Erste Hilfe bei leichten Verletzungen" bekannt sind, finden eine immer größer werdende Anhängerschaft unter den Hundebesitzern und Züchtern. Arnika wird auch gern unterstützend zu Operationen verabreicht, weil der Wirkstoff die Blutungsneigung herabsetzt. Auch durch die Bachblütentherapie, wie z.b. Rescuetropfen und -salbe, kann der Halter einige Symptome (erhöhte Nervosität, Schock etc.) erfolgreich behandeln.

Dicke Hunde

Nicht nur die Menschen nehmen stetig zu, sondern auch ihre Tiere. Und das nicht erst im gesetzten Alter, sondern bereits in der Jugend. Der Trend ist für die Praktiker vom Fach einfach unübersehbar: Bereits 60 Prozent aller Patienten, die in unseren 10 000 Kleintierpraxen vorgestellt werden, leiden an Übergewicht. Kein Schönheitsfehler, warnen die Ärzte, sondern handfeste Ursache für ernste Erkrankungen und drastische Verkürzung der Lebenserwartung.

Unter Fell verborgen baut sich der Panzer aus Fett auf. Je länger und dichter das Haar aber, desto besser versteckt sich das „Hüftgold" vor dem Auge. Ist mein Hund zu dick? Um das festzustellen braucht es keine Waage: Tierärzte empfehlen den unbestechlichen Rippencheck per Hand: Lassen sich die Rippen vom Hund ohne Druck direkt mit den Fingern ertasten, ist das Gewicht okay. Finden sich die Rippenknochen erst nach einiger Suche, ist Abspecken angesagt.

Flöhe springen
von Hund zu Hund

Kratzt Ihr Hund sich ungewöhnlich oft, kann dies auf Flöhe hinweisen, außerdem können eine schlechte Fellqualität und mangelnde Gewichtszunahme Indikatoren sein.

Flöhe springen dabei nicht von einem Hund zum anderen, sondern bleiben ihrem Wirt ihr ganzes (100 Tage währendes) Leben lang treu.

80 Prozent der Flöhe und ihres Nachwuchses befinden sich allerdings nicht auf dem Hund, sondern in seiner Umgebung. Drum ist es wichtig, auch Liegeplätze, Autositze, Decken, Teppiche und Polster zu behandeln.

Impfen ist gefährlich

Dank vieler Impfskeptiker konnten überwunden geglaubte Krankheiten wie Masern in unsere Kinderzimmer zurückkehren. Auch unter Hundehaltern grassiert das in den USA entstandene Gerücht, dass Impfungen bei Hunden zu Autismus führen. Riskieren Sie nicht die Gesundheit Ihres Tieres.

Impfungen können Ihren Hund vor möglicherweise lebensbedrohlichen Krankheiten schützen. Der Impfschutz Ihres Hundes muss durch jährliche Auffrischungsimpfungen auf dem Laufenden gehalten werden. Diese Injektionen stellen sicher, dass er mit Infektionen und Erkrankungen fertig werden kann. Geimpft wird in der Regel gegen Hundekrankheiten wie Tollwut, Parvovirose, Leptospirose, infektiöse Leberentzündung und Staupe. Halten Sie Impfungen im Impfpass auf dem aktuellen Stand!

Bernhardiner im Rettungsdienst trugen ein Fässchen

Das berühmte Fässchen, das angeblich Rum enthält, um Lawinenopfer aufzuwärmen, ist eine Erfindung der Mönche vom Großen St. Bernhard, die diese Hunde in ihrem Hospiz auf der Passhöhe züchteten. Die geistigen Getränke waren für die Mönche selbst bestimmt. Bei der Bergung von Menschen wäre so ein Fass einfach zu hinderlich.

Barry, der Bergretter

In seiner Schweizer Heimat ist Bernhardiner Barry ein National-
held – verehrt wie Wilhelm Tell. Mehr als 40 Menschen soll er am
Großen St. Bernhard aus Bergnot gerettet haben.

So ein Schicksal verlangt geradezu nach einem würdigen
Denkmal. Auf dem Hundefriedhof von Paris steht Barry in Stein

gehauen. Auf seinem Rücken trägt er das Kind, das er gerade aus Bergnot vorm Kältetod bewahrt. 40 Menschen konnte er retten, vom 41. wurde er erschossen. Die Sache mit dem Schuss stimmt nicht – aber viele Legenden ranken sich um den Hund, der in den Jahren zwischen 1800 und 1812 im Hospiz auf dem Großen St. Bernhard als Rettungshund lebte. Sein gewaltsamer Tod durch Menschenhand, wie es die Inschrift auf seinem Denkmal beschreibt, dürfte allerdings nicht der historischen Wahrheit entsprechen. Denn Barrys Fell, das liebevoll restauriert und gut erhalten das Präparat im Berner Naturhistorischen Museum umgibt, weist keinerlei Schussverletzung auf. Aus Chroniken geht vielmehr hervor, dass der hochverdiente Retter, der schon zu Lebzeiten legendären Ruf genoss, im Alter von zwölf Jahren aus der rauen Bergwelt ins Tal gebracht wurde, wo er noch zwei weitere Jahre das Leben eines Pensionärs führen durfte, bis er mit 14 Jahren friedlich einschlief.

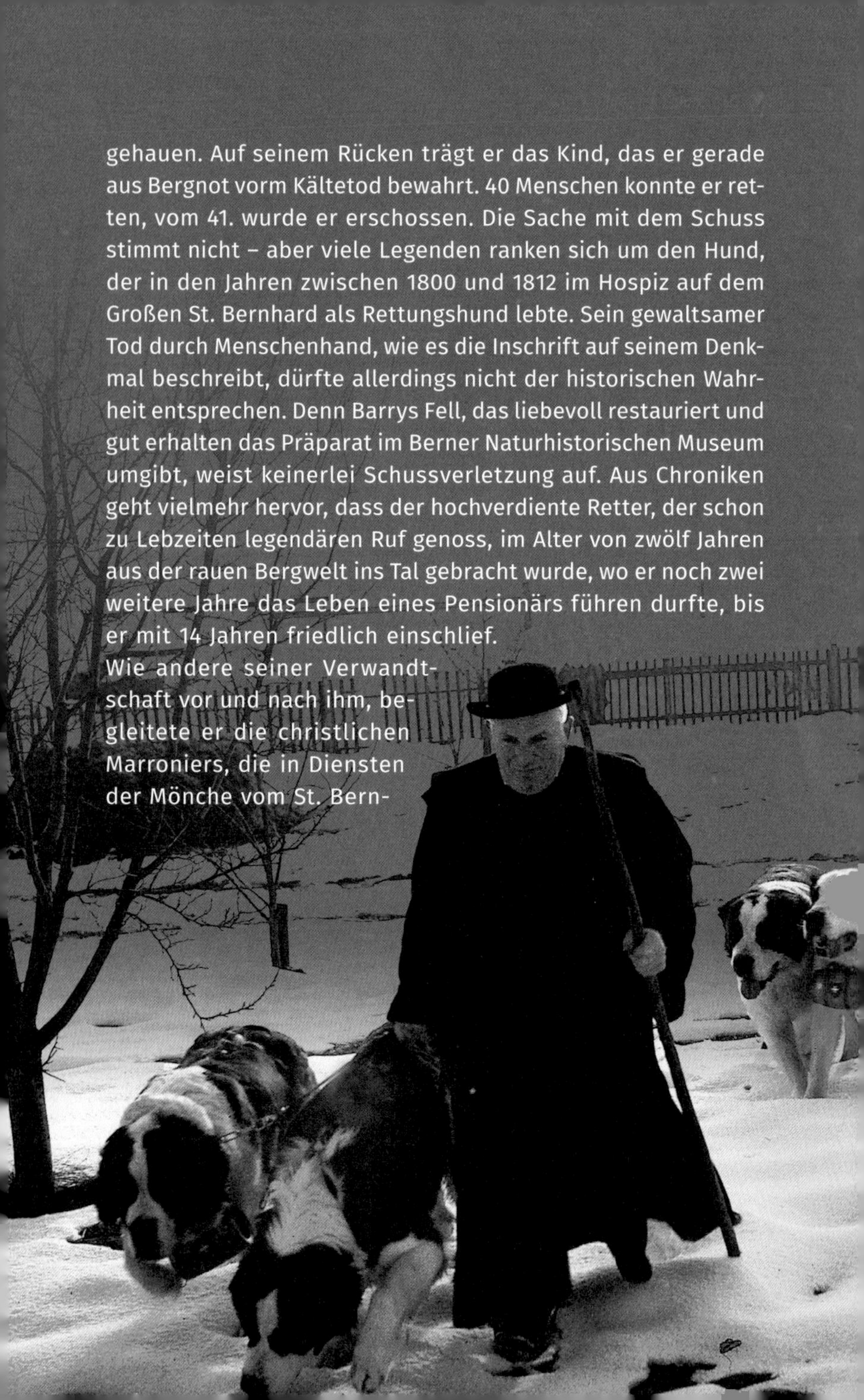

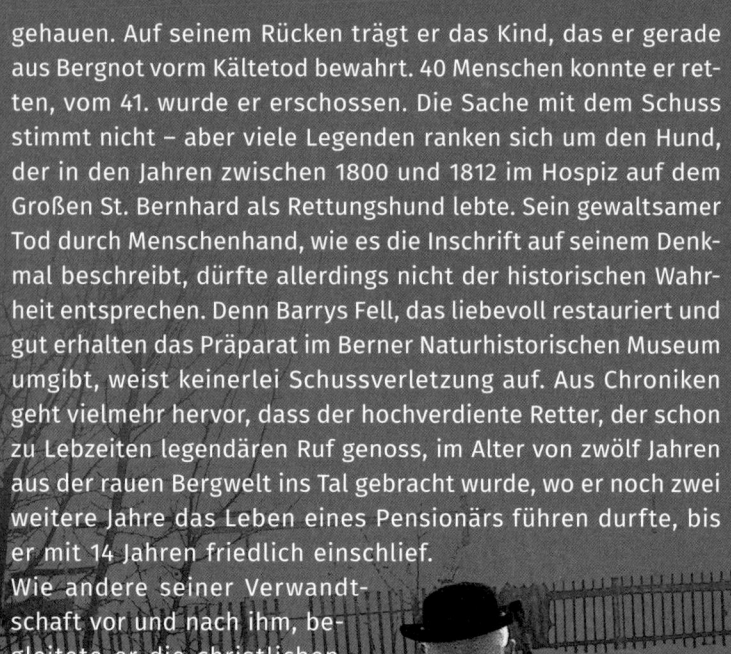

Wie andere seiner Verwandtschaft vor und nach ihm, begleitete er die christlichen Marroniers, die in Diensten der Mönche vom St. Bernhard täglich über die Wege des gefährlichen Alpenpasses patrouillierten, wo sie verirrte und verunglückte Reisende bargen. Eine Pflicht, die der Heilige Vater den Mönchen vom Hospiz bereits im 15. Jahrhundert auferlegte. Die hatten für die Sicherheit und den Schutz der Pilger zu sorgen, die auf ihren Reisen nach Rom und zurück die Alpen überqueren mussten. Bis in die 1960er Jahre hielten und züchteten die Mönche auf dem großen St. Bernhard ihre berühmten Hunde. Obwohl der große alpine „Mehrzweckhund" vom St. Bernhard eigentlich kein Lawinenhund war, gelang es seiner feinen Nase immer wieder, auch Lawinenopfer aufzuspüren und sie mit Hilfe der Klostermänner zu bergen. Doch die Hunde, deren Ursprung vermutlich auf die berüchtigten Kampfhunde des alten Rom (Molosser) zurückgeht, waren nicht nur als Retter und Helfer eingesetzt. In der Eingangshalle des Hospiz, in dem Reiche und Händler, Reisende und Räuber und Pilger aller Schichten Zuflucht suchten, sollten sie in dieser gemischten Gesellschaft Überfälle verhindern. So berichtet eine Schilderung aus dem Jahr 1787, wie „allein der Anblick dieser Molosse" eine Räuberbande davon abhielt, den Klosterschatz zu rauben.

Hachiko –
Treue ohne Ende

In den 1920er Jahren begleitete ein Akita jeden Morgen sein Herrchen Professor Ueno auf seinem Weg zur Kaiserlichen Universität Tokio bis zum Bahnhof Shibuya. Den ganzen Tag wartete er hier auf Herrchens Rückkehr, um ihn freundlich zu begrüßen und nach Hause zu begleiten. Eines Tages im Jahr 1925 wartete er vergebens auf sein Herrchen. Der Professor war an einer plötzlichen Hirnblutung verstorben. Bis zu seinem Tod am 8. März 1935 wartete der treue Hund Tag für Tag bis zum Abend auf Herrchens Rückkehr. Dieser Treue setzten die Japaner 1934 bereits zu Hachikos Lebzeiten ein Denkmal. Die Hundelegende in Bronze wurde zum bedeutungsvollen Treffpunkt für Liebende.

Bis heute hat die Geschichte nicht an Faszination verloren. 2015 sammelten Studenten Geld für ein neues Denkmal. 90 Jahre nach seinem Tod wird Professor Ueno wieder von seinem geliebten Hund begrüßt.

Auch nach Hollywood hat es Hachiko geschafft: die Geschichte der wunderbaren Freundschaft zwischen dem Hund und dem Professor wurde erstmals 1987 verfilmt. In der Neuverfilmung von 2009 „Hachi: A Dog's Tale" hat Richard Gere die Rolle des Professors übernommen.

上野英三郎博士とハチ公

Hunde-Filmstars

1905 RESCUED BY ROVER

Der erste Hundefilm der Geschichte mit Collie-Hündin Blair war ein Kassenschlager. Bei Produktionskosten von 7 Pfund, 13 Schilling und 9 Penny ein gutes Geschäft. Einen Filmverleih gab es damals noch nicht. Jedes Kino zahlte für eine Kopie des Streifens 10 Pfund, 26 Schilling.

1914 A DOG'S LOVE – DIE LIEBE EINES HUNDES

Ein kleines Mädchen hat keine Freunde, bis es Nachbarshund Shep kennenlernt. Die traurige Story endet mit dem Unfalltod des Mädchens. Tieftraurig bringt Shep jeden Tag eine Blume an ihr Grab.

1922 RIN TIN TIN

Ende des Ersten Weltkriegs brachte US-Soldat Lee Duncan den Schäferhund aus Lothringen in die USA. In einem Warner Brothers-Film sollte er für eine Szene einen Wolf spielen. Die Produzenten waren so begeistert, dass sie Rin Tin Tin für weitere Filme engagierten und ihm schließlich die Titelrolle einer ganzen Serie übertrugen.

1956 kam Rin Tin Tin erstmals ins deutsche Fernsehen. Er erhielt einen Stern auf dem Walk of Fame.

RIN TIN TIN

1943 LASSIE

Erster Darsteller des Klassikers um einen Langhaarcollie war ein Rüde namens Pal. Als Held einer TV-Serie und im Kino rettete und half Lassie Generationen von Herrchen bis ins Jahr 2005. Fast alle Nachfolger von Pal waren Rüden, weil ihr Fell voller ist als das von Hündinnen. Lassie hat wie Rin Tin Tin einen Stern auf dem Walk of Fame in Hollywood.

1961/1996 **101 DALMATINER**

Der Film, der ursprünglich nach seinen Hauptdarstellern „Pongo und Perdita" benannt wurde, war sowohl als Zeichentrickfilm als auch mit realen Darstellern ein Kassenschlager: Er erzählt die Geschichte zweier Dalmatinereltern, deren Welpen von der skrupellosen Cruella De Vil (im Realfilm gespielt von Glenn Close) entführt werden. Diese will sich aus dem gepunkteten Fell der Babys einen Mantel schneidern lassen. Pongo und Perdita machen sich auf den Weg, ihre 15 Welpen und 84 weitere Hundekinder (15 + 84 = 101 Dalmatiner) aus den Fängen der Entführerin zu befreien.

1989 **SCOTT UND HUUTSCH**

Der Streifen um die schicksalhafte Verbindung zwischen dem peniblen Polizisten Scott Turner, gespielt von Tom Hanks, und der sabbernden Bordeauxdogge Beasley wurde ein Welterfolg und machte Bordeauxdoggen in manchen Kreisen zu Trendhunden.

1992 EIN HUND NAMENS BEETHOVEN

Hauptdarsteller des Familienfilms ist ein Bernhardinerwelpe, der sich vor Hundefängern in das Haus der Familie Newton retten kann. Während Familienvater George wenig begeistert von dem Riesenbaby ist, kämpfen die drei Kinder dafür, den Hund (der nach seiner Vorliebe für Beethovens 9. Sinfonie benannt wird) zu behalten. Bis 2014 entstanden insgesamt sieben Fortsetzungen des Films, u.a. „Eine Familie namens Beethoven" und „Beethovens abenteuerliche Weihnachten".

1999–2010 HAUSMEISTER KRAUSES BODO

Elf Jahre lief die Serie von Tom Gerhardt um Hausmeister Krause und seinen Dackel Bodo von der Hermannsklause. Kenner brauchen nur den legendären Slogan „Alles für den Dackel, alles für den Club" anzustimmen – und schon hat man unvergessliche Szenen vor Augen. Nicht wenige glauben, dass der enorme Dackelboom der 2000er Jahre – 2018 wurde das weltweit erste Dackelmuseum in Passau eröffnet – auf Bodos unwiderstehliche TV-Präsenz zurückzuführen ist.

2008 MARLEY & ICH

„Marley & Ich" ist die Verfilmung des gleichnamigen (autobiografischen) Buchs von John Grogan: Jenny und John sind sich nicht sicher, ob sie bereit sind, Kinder zu bekommen. Sie überlegen sich, die Elternrolle und das

Familienleben erst einmal mit einem Hund zu testen – so tritt der Labradorwelpe Marley in ihr Leben. Dieser wird zum geliebten Familienmitglied, das großes Chaos veranstaltet. Der Film begleitet die Familie durch Höhen und Tiefen des Lebens und endet damit, dass die (inzwischen um drei Kinder gewachsene) Familie den kranken und alten Marley einschläfern lassen muss.

2012 THE ARTIST

Der Stummfilm, der 2012 den Oscar in der Kategorie „Bester Film" gewann, machte den Hauptdarsteller Jean Dujardin zum internationalen Star – und verhalf auch Terrier Uggie zu Berühmtheit. Der kleine Hund hatte auch Auftritte im Hollywood-Streifen „Wasser für die Elefanten" und in der Komödie „Die Qual der Wahl".

Hunde als Musen

So manches Kunstwerk verdankt seine Entstehung der Liebe zu Hunden. Sie inspiriert kreative Geister der schönen Künste ...

VICO VON BÜLOW, ALIAS LORIOT (1923–2011)

Von klein auf wurde Loriot von Hunden begleitet. Besonders Möpse hatten es ihm angetan. „Ein Leben ohne Mops ist möglich, aber sinnlos", dürfte sein bekanntestes Zitat sein. Möpse tauchten in seinen Cartoons auf, in seinen Sketchen und Büchern. Drei

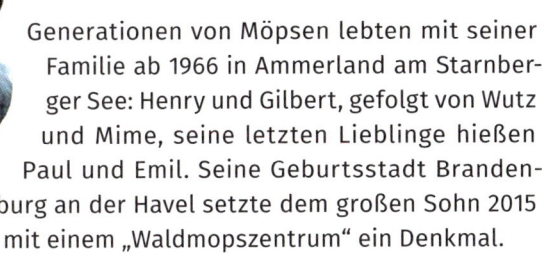

Generationen von Möpsen lebten mit seiner Familie ab 1966 in Ammerland am Starnberger See: Henry und Gilbert, gefolgt von Wutz und Mime, seine letzten Lieblinge hießen Paul und Emil. Seine Geburtsstadt Brandenburg an der Havel setzte dem großen Sohn 2015 mit einem „Waldmopszentrum" ein Denkmal.

Der „Waldmops" wurde von der Künstlerin Clara Walter als Bronzestatue erschaffen.

Loriot mit Muse Wutz in seinem Arbeitszimmer in Ammerland, um 1975

RICHARD WAGNER (1813–1883)

Nicht weniger als 23 Namen listet die Bayerische Staatsoper in ihrem Blog über die Hunde des Komponisten auf. Diese genossen Privilegien als Begleiter des Künstlers, durften sogar bei den geheiligten Proben anwesend sein. Allerdings wurde sein brauner Pudel „Rüpel" wegen Bellens aus dem Orchestergraben des Magdeburger Theaters verbannt. Auf einem Foto von der Uraufführung von „Tristan und Isolde" 1865 in München sieht man Jagdhund „Pohl" zu Herrchens Füßen liegen.

In seiner Dresdner Zeit musste Cavalier King Charles Spaniel „Peps" auf einem gepolsterten Hocker neben dem Flügel Platz nehmen, wenn der Meister komponierte.

PABLO PICASSO (1881–1973)

Es war wohl Liebe auf den ersten Blick, als Fotograf David Douglas Duncan in Begleitung seines Dackels am 19. April 1957 zum Fototermin auf dem Anwesen des Malers in der Nähe von Cannes eintraf. Picasso war hingerissen von dem Hund, der ihn freudig begrüßte und sich für die Skulpturen im Garten seiner Villa interessierte. Noch am selben Tag porträtierte Picasso den Dackel namens „Lump". Die beiden waren von Beginn an so innig miteinander verbunden, dass David es nicht übers Herz brachte, sie zu trennen: Am Abend fuhr er ohne seinen Lump ab. In den Jahren danach diente Lump häufig als Modell des Künstlers. Picasso überlebte seinen Liebling, der am 29. März 1973 im hohen Alter von 16 Jahren starb, nur um zehn Tage.

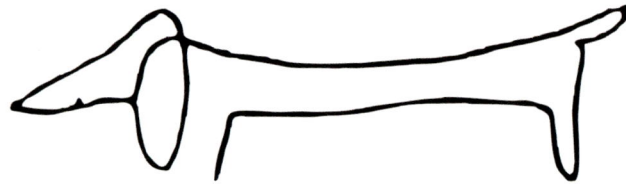

Genial: Dackel Lump in einem Strich

Picasso

ANDY WARHOL (1928–1987)

Nach einigen Jahren mit Siamkatzen kam der schillernde Begründer der Pop Art auf den Hund. Archie und Amos hießen die beiden Dackel, die ihn in den 1970er Jahren in der New Yorker Kunstszene begleiteten. Keine Frage, dass er ihnen Porträts im Stil von Ikonen wie Marilyn Monroe widmete. Eine reiche britische Dackelbesitzerin wollte ihren Liebling Maurice von Warhol persönlich porträtieren lassen. Ein lukrativer Auftrag, den der äußerst geschäftstüchtige Künstler nur zu gern übernahm. Allerdings sagte er die Reise zur Kundin ab, weil er sich nicht von seinem Dackel trennen wollte. Wegen Englands rigiden Quarantänevorschriften war es zu dieser Zeit kaum möglich, mit einem Hund einzureisen. So fertigte Warhol das Porträt von Maurice anhand eines zugesandten Polaroid-Fotos. Heute kann man selbst zum Künstler werden und seinen Hund in Warhol-typischer Manier zum Pop-Art-Kunstwerk machen (lassen). Mit dem Converter entstehen aus einfachen Fotos in kürzester Zeit poppige Hundebilder.

Von Hundefreund
zu Hundefreund

Loriot wird die Aussage „Ein Leben ohne Mops ist möglich, aber sinnlos" zugeschrieben. Der Satz gilt als eines seiner bekanntesten Zitate. Allerdings war es Heinz Rühmann, der zuerst sagte „Ein Leben ohne Hunde ist möglich, aber sinnlos" – die rassespezifische Präzision lieferte Loriot erst einige Jahre später.

Hunde lügen nicht

Viele Menschen haben die Ansicht, dass Hunde uns nicht belügen (können). Verhaltensforscher Josep Call und Kollegen vom Max-Planck-Institut für evolutionäre Anthropologie in Leipzig können das nicht bestätigen. Ganz im Gegenteil erwiesen sich alle ihre Probanden im Test als gewiefte Schwindler ...

Fast wie in der biblischen Geschichte vom Paradies, wo Adam und Eva alles gestattet war bis auf die Näscherei von einer bestimmten Frucht, spielten die Verhaltensforscher bei Hunden „Lieber Gott". Sie verboten als brav und folgsam bekannten Vierbeinern verschiedener Rasse und Herkunft, von einem bestimmten Leckerli zu naschen. Gemeinerweise hatten sie die aber verführerisch am Boden eines Zimmers drapiert. Brav befolgten die Probanden das Verbot und ließen das begehrte Leckerli liegen – jedenfalls solange der Blick eines Herrchens oder Frauchens auf ihnen lag. Verließ die Aufsichtsperson den Raum auch nur für kurze Zeit – schwupp, war das Leckerli verschwunden. Und: Die Hunde setzten bei Herrchens oder Frauchens Rückkehr ein „Pokerface" auf.

Im nächsten Test ließ Call die Versuchspersonen mitsamt ihren Hunden im Raum. Allerdings sollten sich diesmal die Herrchen und Frauchen sich zwischendrin von Bello abwenden und mit dem Computer beschäftigen. Die übrige Versuchsanordnung war dieselbe: 1. Hund, 2. Leckerli, 3. Verbot. Bei den Tests wurden doppelt so viele Leckerli gemopst, wenn ihre Aufsicht gerade mit anderen Dingen beschäftigt war und nicht hinsah.

Calls Fazit: „Die Hunde beobachten genau die Augen von uns Menschen und nutzen den Moment, an dem Sie gerade mit etwas anderem beschäftigt sind."

Dem Verhaltensforscher fielen aber beim Mundraub noch weitere, äußerst gewiefte Strategien auf, mit denen Hunde ihre Herrchen offenbar im Hinblick auf das Leckerli in Sicherheit wiegen wollten: In 75 Prozent der Fälle gingen die vierbeinigen Diebe nicht direkt auf das Objekt ihrer Begierde zu, sondern passierten es über einen Umweg durch den Raum, was sicher eine gewisse Belanglosigkeit und Desinteresse an den Tag legen sollte. Denn wie Call beobachtete, verzichteten die Täter auf diesen Umweg, wenn Herrchen genügend abgelenkt erschien.

Ein tierischer Fall von Benjamin Button

Im Gegensatz zum Menschen kommen Shar Peis – chinesische Faltenhunde – extrem faltig zur Welt und werden im Laufe ihres Lebens immer glatter …

Die Rasse gibt es schon seit fast 2000 Jahren in China. Die lose, faltige Haut des Shar Peis lässt vermuten, dass er irgendwann im Laufe seiner Geschichte auch für Hundekämpfe gezüchtet wurde. Für solche wurde er jedenfalls lange nach seiner Entstehung eingesetzt, als die Engländer China besetzten und auch ihre damalige Leidenschaft für Hundekämpfe nebst den entsprechenden Hunden mitbrachten.

Hunde. Eine Zeitreise

100 000 Jahre ist es her, dass die Entwicklungslinien von Wolf und Hund getrennt verlaufen.

33 000 Jahre alt ist ein Hundeschädel, der in einer Höhle im Altai-Gebirge gefunden wurde.

17 000 Jahre alt ist ein Hundeschädel, der im russischen Oblast Brjansk in den Überresten einer aus Mammutknochen erbauten Hütte gefunden wurde.

14 500 Jahre alt ist das Hundegrab von Oberkassel, in dem zwei Menschen zusammen mit einem Hund beigesetzt wurden.

Die kapitolinische Wölfin säugt Romulus und Remus, der Sage nach die Gründer Roms.

9 500 Jahre alt sind Hundeknochen aus Texas. Das Alter der ersten Hunde, die für die neue Welt nachgewiesen sind, wurde mit der C14 Methode datiert.

vor 5 000 Jahren Neben wolfsähnlichen Hunden sind zu Ötzis Lebzeiten Hirtenhunde, Vorstehhunde, Windhunde und Doggen nachgewiesen.

Im Umkreis von Pfahlbauten tauchten die ersten Spitz-ähnlichen Hunde auf.

vor 4 500 Jahren...........

Seit Beginn der Eisenzeit finden sich Knochen von Hunden unter Türschwellen menschlicher Behausungen. Sie sollten wohl auch nach ihrem Tod noch die Bewohner beschützen.

vor 3 000 Jahren............

Zur Blütezeit des römischen Reiches gelangten die verschiedensten Hundetypen aus den Kolonien nach Rom. Formen wurden gezielt für ihren Einsatz zum Rennen, zur Jagd, als Kampf- oder Wachhund gezüchtet.

300 Jahre v. Chr............

In der Eifel wurde ein Spitz-ähnlicher Hund zusammen mit seinem Fressnapf beerdigt.

0 Um die Jahrhundertwende

Auf Bauernhöfen wurden Ratten zum Problem. Zur Zeit der Kreuzzüge züchteten Bauern kleine Rassen zur Bekämpfung der Plagen. Daraus entwickelten sich Jagdhunde, Terrier und Spaniel.

Mittelalter ....

Europas Adel kultiviert die Jagd und standardisierte Rassen zur Jagd auf bestimmtes Wild. Es entstanden Greyhounds und Doggen.

Der Arzt Jacobus Horscht empfiehlt den Hund „als liebstes Tierlein des Menschen".

1579......................

In Adelskreisen wurden Schoßhündchen beliebt. Die Lieblinge der Damen im Format von Pekinese oder King Charles Spaniel finden sich auf vielen Porträts dieser Zeit.

Renaissance...............

Seidenhündchen, kleine Hunde mit seidigem Haar, waren en vogue in feinen Salons. Besonders chic: Havaneser, die aus Havana importiert wurden.

Barock ....

Clarissa Strozzi
aus der Florentiner
Adelsfamilie
Strozzi mit ihrem
Zwergspaniel,
gemalt von Tizian

Rokoko

Neben dem Spaniel entwickelt sich der Mops zum
In-Hund an Höfen und in den feinen Kreisen.

18. Jahrhundert

Spitz und Pudel kommen in Mode, lösen den
Mops ab.

Um 1800

Zur Eindämmung von Streunern und Tollwut
führt Berlin eine Vorform der Steuermarke ein, das sogenannte Hundstags-
zeichen, das am Halsband zu tragen war.

1841

In Berlin wird der erste Tierschutzverein gegründet.
Er wird später damit beauftragt,
Streuner einzufangen und zu beherbergen.

1859

In England findet die erste Hundeschau statt.

1863

Die Berliner Polizei verordnet Maulkorbpflicht
für Hunde in der Öffentlichkeit.

Hunde werden zum Kriegsdienst rekrutiert.
Sie suchen nach Verwundeten, transportieren
als Fronthelfer Briefe und Munition, ziehen als
Karrenhunde Maschinengewehre ins Feld.

1914 . . . .

Der Bundestag beschließt: Hunde dürfen nicht
mehr für die Küche geschlachtet werden.

1986 . . . .

Das Tierschutzgesetzt verbietet in Deutschland das Kupieren der Ohren.

1987 . . . .

Das Kupieren der Rute wird in Deutschland verboten.

1998 . . . .

Seit Juli müssen Hunde und andere Haustiere
bei Auslandsreisen zusätzlich zum blauen
EU-Heimtierpass einen Mikrochip tragen.

2011 . . . .

Anubis –
Gott in Hundegestalt

In den meisten Hochkulturen wurden Hunde verehrt.

Die Ägypter ernannten Anubis (ägyptisch Inpu oder auch Anpu), den Gott in Hundegestalt, zum obersten Richter ihres Totenreichs. Er war der Gott der Totenriten und der Mumifizierung. Als Herr der Balsamierungshalle wirkte er an der Balsamierung der Toten mit. Darüber hinaus fungierte Anubis als Beschützer des Königs und wurde häufig als Kämpfer beschrieben. Er wird vorwiegend als liegender schwarzer Hund, Schakal oder auch als Mensch mit Hunde- oder Schakalkopf dargestellt.

Von Ägypten nach Ibiza und von dort in die ganze Welt

Nicht nur als Gott Anubis waren Hunde im Alten Ägypten präsent. Sie wurden auch als Haustiere gehalten. Nach heutigen Erkenntnissen gab es zunächst drei Rassen: den „Wolfshund" mit aufrecht stehenden Ohren und buschigem Schwanz, den Windhund, der durch einen kurz aufgerollten Schwanz gekennzeichnet ist, sowie eine Doggenart mit Schlappohren. Hunde erfuhren im Alten Ägypten eine besondere Wertschätzung: Sie wurde zum einen als nützliche Begleiter bei der Jagd und nicht selten auch in Kämpfen und Schlachten, aber auch

neben dem Stuhl vornehmer Menschen sitzend – als Haustier – dargestellt.

Der Podenco Ibicenco ist ein Nachfahre der ägyptischen Windhunde: Phönizische Handelsleute haben diese elegante Rasse, die vor Jahrtausenden schon die Pharaonen bei der Jagd auf Antilopen begleitete, auf die Mittelmeerinsel Ibiza gebracht. Es heißt, dass immer noch einige seiner Nachfahren frei hier leben. Doch die meisten dieser heute als Rasse anerkannten Hunde finden sich inzwischen auf dem europäischen Festland.

Nicht nur für Seehunde: Hundestrände an Nord- und Ostsee

In der sommerlichen Badesaison zwischen 1. Mai und 1. Oktober sind die meisten Strände Deutschlands Sperrgebiet für Hunde. Doch einige Nordseeinseln wie Juist und Spiekeroog präsentieren sich als Hundeinseln.

Einige Küstenorte weisen auch Strandabschnitte als Hundestrände aus. Im Ostseebad Grömitz kann man gar bei der Strandkorbmiete angeben, wie groß der begleitende Hund ist. So hat

Bello die Möglichkeit, unter Strandnachbarn ähnlicher Größe Spielkumpel für die Urlaubstage zu finden.

Unsere niederländischen Nachbarn sind offener für Vierbeiner. Lokale Tourismusämter umwerben Halter mit ihren Hundestränden. Viele gestatten auch in der sommerlichen Hochsaison Hunden den Zugang nach 19.00 Uhr.

Des Pudels Kern

In den 1950er und 1960er Jahren führte beinahe jede ältere Dame im Persianer ihren Pudel spazieren, wenn sie zum Kaffeekränzchen ging. Oft war dieses kunstvoll geschorene Tier mit einem rosafarbenen Mäntelchen bekleidet. Pudel waren in Mode. Aus dieser Zeit stammen wohl auch noch die vielen Vorurteile, mit denen Pudelbesitzer noch heute zu kämpfen haben. Schließlich wurde der Pudel – eine der ältesten Hunderassen der Welt – ursprünglich als Jagd- und Gebrauchshund gezüchtet. Vor allem im Wasser wurde er eingesetzt. Dies erklärt auch den Ursprung seines Namens. Er stammt vom alten deutschen Wort „Pfudel" = Pfütze. Pudelnass fühlt sich so ein Pudel pudelwohl!

Pudel gelten sogar als die intelligenteste aller Hunderassen. Sie sind außergewöhnlich gelehrig und leicht erziehbar. Als Familienhund ist der Pudel ein verspielter geduldiger Freund für Kinder. Das schönste: Die albernen Pudelfrisuren von einst mit Pommeln und Krönchen sind out. Ja, es gibt sogar schon Frisöre, die den aktuellen Jagdcut anbieten. Damit sieht der Pudel aus wie ein richtiger Jagdhund, der er ja auch ist.

Für jeden Hund der passende Sport

Beim Hundesport geht es meist um Harmonie zwischen dem Menschen und seinem Tier. Herrchen oder Frauchen sind auch gefordert. Nur beim Windhunderennen bleibts für den Menschen beim Zuschauen. Anders als bei den Begleit- und Schutzhundprüfungen stehen bei unserer Bestenliste neben Sport Harmonie und Spaß im Vordergrund.

AGILITY (ENGL. WENDIGKEIT, FLINKHEIT)

Ein Hindernisparcour ist bei dieser aus England stammenden Sportart möglichst fehlerfrei in einer vorgegebenen Zeit zu bewältigen. Der Hundehalter läuft nebenher, kann mit Mimik, Gestik und aufmunternden Kommandos helfen. 1977 wurden diese Übungen, inspiriert vom Pferdesport und mit einem Springturnier nachempfundenen Parcours, erstmals als Pausenattraktion während einer großen Hundeausstellung vorgeführt.

OBEDIENCE (ENGL. GEHORSAM)

Beim Obedience soll der Hund mit seinem Hundeführer verschiedene Übungen möglichst reibungslos, schnell und exakt ausführen und kontrolliertes Verhalten in verschiedenen Situationen zeigen. Besonders heikel ist die Distanzarbeit, bei der der Hund auch mit einem Abstand zum Hundeführer bereitwillig gehorcht.

DOGDANCING (TANZENDE HUNDE)

Dogdance ist ein Teamsport für Mensch und Hund, bei der es vor allem um Harmonie geht. Da Dogdance auf einem grundlegenden Hundegehorsam basiert, ist es ein sehr anspruchsvoller Hundesport. Allerdings ist Dogdance die „freiere" Alternative zum reinen Obedience-Sport. Dogdance vereint einige Elemente des Obedience mit speziell eingeübten Kunststücken zu einer tänzerischen Choreografie, die zur Musik präsentiert wird. Während sich der Hundeführer mehr oder weniger normal fortbewegt, zeigt der Hund, was er kann. Dabei wird der Hund nur durch kleinste Körpersignale und verbale Kommandos gelenkt.

DOG FRISBEE

In der einfachsten Variante wirft man eine Frisbeescheibe und der Hund bringt sie zurück. Durch Varianten und Tricks kann der Sport individuell und auf Turnierebene betrieben werden. Disc-dogging, wie es auch heißt, ist grundsätzlich für jeden gesunden Hund geeignet. Um Verletzungsgefahren vorzubeugen, sollten nur hundegeeignete Frisbee-Scheiben verwendet werden.

FLYBALL

Vier Hürden stehen in einer Reihe, am Ende die Wurfmaschine. Der Hund versucht beim Flyball ohne die Hilfe des Hundeführers und möglichst schnell über die vier Hürden zur Flyballmaschine zu gelangen, den Auslösetaster der Flyballmaschine zu betätigen, den herausgeworfenen Ball zu fangen und mit dem Ball über die vier Hürden zurück ins Ziel zu kommen.

DUMMYTRAINING

Beim Dummytraining werden Hunde im Gelände zum jagd-gerechten Apportieren ausgebildet, wobei statt der an-geschossenen oder toten Jagdbeute eine Attrappe verwendet wird. Ursprünglich wurde die Hunderasse Retriever für die Jagd auf Wasservögel zum Apportieren nach dem Schuss gezüchtet.

HÜTEN

Einigen Hunderassen liegt das Hüten von Schafen oder Gänsen einfach im Blut. Weil sie in der Stadt wenig Chancen dazu haben, gibt es zunehmend Angebote draußen auf dem Land. Das Pro-gramm lehnt sich an die Programme der Profihüter an.

MANTRAILING (ENGL. ETWA MENSCHENVERFOLGUNG)

Mantrailing ist die Suche nach Personen unter Anleitung eines Hundeführers. Die Nase ist der stärkste Sinn des Hundes.

Der Mensch nutzt sie auch, um vermisste Personen zu finden. Beim Mantrailing orientiert sich der Hund, im Gegensatz zum „Fährtenhund" an der tatsächlichen Duftspur des Menschen, am Individualgeruch.

HUNDERENNEN

Schlittenhunderennen: Es gibt Rennen über kurze Distanzen zum Teil mit zwei Läufen und Langstreckenrennen, bei denen die Herausforderung für Musher und Gespann im Überwinden großer Distanzen unter widrigen Bedingungen liegt. Die Organisation der Rennen liegt bei den Schlittenhundesportverbänden bzw. deren Mitgliedsvereinen in den einzelnen Ländern.

Windhundrennen: Andere Rassen müssen neidvoll zuschauen, wenn das Tempo aus dem Stand schneller als ein Porsche auf 60–70 km/h geht.

Es gibt zwei Arten. Auf einer festen Rennbahn geht es ausschließlich um die Geschwindigkeit der teilnehmenden Hunde. Beim Coursing wird das Jagdverhalten der Hunde bewertet.

SCHUTZHUNDAUSBILDUNG

Als Schutzhund bezeichnet man einen Haushund, der die Schutzhundausbildung durchlaufen und mit einer Reihe von Prüfungen (SchH/VPG) erfolgreich abgeschlossen hat; das Tier ist danach zum Schutzdienst qualifiziert. Die Schutzhundausbildung sowie die anschließenden Prüfungen können prinzipiell Hunde aller Rassen absolvieren.

Das Quiz für Hunde-Kenner

1. Wie lange dauert die Tragzeit einer Hündin?

a) Einen Monat
b) Zwei Monate
c) Drei Monate
d) Sechs Monate

2. Wie viele Zähne hat ein Hund?

a) 32
b) 38
c) 40
d) 42

3. Was bedeutet Pedigree?

a) Hundefutter
b) Stammbaum
c) Ausbildung
d) Schmusehund

4 Welche ist die häufigste Rasse in der Welpen-statistik?

a) Golden Retriever
b) Mops
c) Schäferhund
d) Dackel

5. In welcher Stadt zahlt man die höchste Hundesteuer?

a) Hamburg
b) Köln
c) Frankfurt
d) München

6. Zu welchem Zweck wurde die Rasse der Yorkshire Terrier ursprünglich gezüchtet?

a) Schoßhund
b) Hütehund
c) Rattenjäger
d) Spürhund

7. Wie viele Blutgruppen haben Hunde?

a) Hunde haben keine Blutgruppe.
b) Sie haben genau so viele wie der Mensch.
c) Sie haben mehr als Menschen.
d) Sie haben weniger als Menschen.

8. Ein Hund welcher Rasse begleitete den Philosophen Arthur Schopenhauer?

a) Mops
b) Windhund
c) Pudel
d) Schäferhund

9. In welcher Stadt wurde 2018 das weltweit erste Dackelmuseum eröffnet?

a) München
b) Passau
c) Bayreuth
d) Bamberg

10. Was zeichnet einen Ungarischen Hirtenhund oder Komondor aus?

a) Rastalocken
b) Humor
c) Wachsamkeit
d) Gehorsam

11. Was sind die Lieblingshunde von Queen Elizabeth?

a) English Setter
b) Englische Bulldoggen
c) Corgis
d) English Toy Terrier

12. Was meint der Jäger, wenn er beim Hund vom Behang spricht?

a) Schwanz
b) Haar
c) Ohren
d) Beine

13. Welche Rasse spielt in Goethes Tragödie „Faust" eine wichtige Rolle?

a) Dalmatiner
b) Pudel
c) Mops
d) Windhund

14. Wie viele Hunde leben in Deutschland?

a) 9 bis 11 Millionen
b) 7 bis 9 Millionen
c) 5 bis 7 Millionen
d) 3 bis 5 Millionen

15. Was bedeutet Geläut in der Jägersprache?

a) Speichelfluss
b) Harnlassen
c) Bellen
d) Schwanzwedeln

16. Warum heben Rüden das Bein beim Wasserlassen?

a) Es liegt am Hormon Testosteron.
b) Es ist praktisch im Vorbeigehen.
c) Sie mögen sich nicht hinsetzen.
d) Sie zeigen, wie groß sie sind.